人工智能人才培养新形态立体化教材

机器学习技术
任务驱动式教程

主编　艾旭升　何福男

电子工业出版社
Publishing House of Electronics Industry
北京·**BEIJING**

内 容 简 介

本教材内容包括了解机器学习、机器学习开发环境安装及使用，以及 8 个大类的预测任务（涵盖监督学习、无监督学习、集成学习、深度学习等知识点）。在内容的选取上，本教材突出数据的多样性、方法的代表性和继承性，通过丰富的机器学习任务深入浅出地介绍机器学习技术在现实生活中的应用和实践。

本教材共有 10 个模块，第 1～2 个模块是实施机器学习任务前的概念介绍和环境准备，第 3～8 个模块结合案例介绍 K-最近邻、线性回归和逻辑回归、决策树、贝叶斯模型、支持向量机、K-平均值等机器学习算法及模型，第 9、10 个模块分别介绍了结合多分类器的集成学习方法和源自神经网络模型的深度学习算法。从第 3 个模块开始，每个模块至少包含 3 个案例，涵盖数据清洗、数据转换、模型训练、模型评估、结果可视化等大数据和人工智能技术。

本教材提供丰富多样的机器学习任务，借鉴企业项目开发的工作流程，采用 JupyterLab 融合注释、代码和运行结果，图文并茂地介绍机器学习任务的编码过程。在编码过程中，涉及机器学习概念、公式及注意事项的详细讲解。本教材适用于高职高专院校大数据和人工智能技术应用专业开展任务驱动式教学，也可作为机器学习初学者的启蒙资料。

图书在版编目（CIP）数据

机器学习技术任务驱动式教程 / 艾旭升，何福男主编. -- 北京 ：电子工业出版社，2024. 9. -- ISBN 978-7-121-49087-3

Ⅰ. TP181

中国国家版本馆 CIP 数据核字第 2024UC0449 号

责任编辑：邱瑞瑾
印　　刷：大厂回族自治县聚鑫印刷有限责任公司
装　　订：大厂回族自治县聚鑫印刷有限责任公司
出版发行：电子工业出版社
　　　　　北京市海淀区万寿路 173 信箱　　邮编：100036
开　　本：787×1092　1/16　　印张：16.25　　字数：416 千字
版　　次：2024 年 9 月第 1 版
印　　次：2024 年 9 月第 1 次印刷
定　　价：52.00 元

凡所购买电子工业出版社图书有缺损问题，请向购买书店调换。若书店售缺，请与本社发行部联系，联系及邮购电话：(010) 88254888，88258888。

质量投诉请发邮件至 zlts@phei.com.cn，盗版侵权举报请发邮件至 dbqq@phei.com.cn。

本书咨询联系方式：(010) 88254173，qiurj@phei.com.cn。

前　　言

　　人工智能是当前全球最受关注的科学前沿技术之一。2022 年，OpenAI 发布了 ChatGPT，一段时间内，其用户数量迅速增长，成为用户数量增长速度最快的消费级应用。在这个背景下，全球许多科技企业纷纷加大人工智能研发方面的投入，不断推出重要成果，推动了人工智能的创新和商业化进程，带动了相关产业链的快速发展。近年来，我国人工智能产业蓬勃发展，《中国互联网发展报告（2024）》明确指出，2023 年我国人工智能核心产业规模达 5784 亿元，国内人工智能已形成完整的产业体系，成为新的增长引擎。机器学习是人工智能的重要分支，是现代人工智能发展的核心驱动力。无论是传统的基于数理统计的机器学习模型，还是深度学习的神经网络架构，其在当今人工智能领域实现的大多数应用本质上都基于机器学习技术。在高校开设"机器学习技术"课程，开展机器学习领域的研究和应用，将促进人工智能产业的发展和壮大。

　　党的二十大报告强调："推动战略性新兴产业融合集群发展，构建新一代信息技术、人工智能、生物技术、新能源、新材料、高端装备、绿色环保等一批新的增长引擎。"为服务产业需求，《"十四五"大数据产业发展规划》鼓励职业院校与大数据企业深化校企合作，建设实训基地，推进专业升级调整，对接产业需求，培养高素质技术技能人才。截至 2024 年 4 月，全国有 623 所高等职业院校在教育部成功备案人工智能技术应用专业，为培养人工智能应用型、技能型、创新型人才奠定了基础。目前，编者所在的学校已开设人工智能技术应用专业多年，"机器学习技术"成为核心专业课程。经过多年来的课堂教学和培训交流，广泛听取授课教师的意见，编者发现授课教师很难找到适合高职高专学生特点的机器学习教材，同时存在授课教师项目经验不足和企业工程师教材开发能力欠缺的矛盾，加上搜集训练数据困难的问题，编写一本适合高职高专学生特点的任务驱动式教材已经成为人工智能技术应用专业发展的迫切需求。

　　本教材共 10 个模块，第 1 个模块介绍了机器学习简介、发展史、应用领域和常用方法。第 2 个模块描述了机器学习开发环境安装及使用，使用 JupyterLab 介绍 Python 编程和调试，举例介绍 Markdown 目录制作。第 3～7 个模块分别介绍了与 K-最近邻、线性回归和逻辑回归、决策树、贝叶斯模型、支持向量机等相关的监督学习任务。第 8 个模块介绍了基于 K-平均值的聚类任务，通过训练模型将数据划分到不同的类中。第 9 个模块介绍了投票法、Bagging、AdaBoost 等集成学习方法，通过组合基分类器提升分类性能。第 10 个模块介绍多层感知机、CNN、循环神经网络等深度学习算法，用以处理高分辨率图像和时序数据。

　　本教材由艾旭升、何福男担任主编，李良、张佳磊、钱春花、杨小英等多位老师参与了教学案例的设计、优化和部分内容的编写、校对、整理工作。第一主编艾旭升博士曾经在思科（中国）研发中心工作 10 余年，有着丰富的企业项目开发经验，联合北京华育科技有限公司共同开发本教材。在编写过程中，编者查阅了大量与机器学习相关的论文和书籍，收集了各种类型的数据集，设计了贴近现实生活的机器学习任务，编写了将概念、技术、代码、说明融为一体的交互式内容，达到了知识概念清晰、工作流程熟悉、Python 开发能力提升、编程思维养成的培养目标。本教材可作为高职高专院校或培训学校大数据和人工智能技术应用专业的教材，也可作为学生毕业设计的参考用书，或者作为机器学习初学者的入门书籍。本教材遵循任务驱动式教材的建设理念，吸取工作手册式教材的实用性，主要特色如下。

第一，内容符合任务驱动式编排：每个任务都先从任务描述确定任务目标，然后分解任务，最后进行详细的任务实施，此外在任务实施前介绍了所需的概念、思想、算法或公式，符合任务驱动式教材的编写要求。

第二，丰富案例支撑技能训练：本教材包含 24 个机器学习相关的任务，覆盖零售、制造、房地产、通信、体育、医疗、旅游、科学等行业。

第三，生动案例激发学生兴趣：许多任务来自日常生活或工作，通过机器学习算法解决现实难题容易引起学生的共鸣。比如，使用糖尿病发病情况数据集研究糖尿病能够帮助医生筛查病情；使用半导体制造工艺数据集建立连通性预测模型有助于提高生产率。

第四，图文并茂吸引学生注意力：每个任务既用文字描述具体步骤，也用图像展示代码和运行结果，并且在知识专栏介绍了相关知识或重要事项。这种图文并茂的展示方式提升了教材的生动性，促使学生长久保持注意力。

第五，异构任务强化学习质量：即使不同任务属于同一个大类，其工作流程也不尽相同，学生通过反复练习多个任务能够具备机器学习的编程能力。本教材的同类任务使用了不同的数据集，操作流程存在差异，但通过任务实施可以强化理解知识。

第六，多种资源支持完整课程：每个任务除提供工作手册式的操作步骤外，还提供二维码形式的微课供学生在课前或课后学习。此外，本教材配套完整的 PPT、源代码、视频、习题答案等教学资源，读者可登录华信教育资源网（www.hxedu.com.cn）注册后免费下载。

本教材的编写得到了苏州英博特智能科技有限公司的帮助，顾华强总经理参与制定面向任务驱动的标准化开发流程，在此表示衷心感谢！在本教材的编写过程中，参与课堂考勤项目的社团同学们贡献了深度学习的代码和数据，在此表示一并感谢。

由于时间仓促，加上编者水平有限，教材中难免有错误或不妥之处，敬请读者批评、指正。

编　者

2024 年 8 月

目　　录

模块 1　了解机器学习

随着 ChatGPT 的发布，机器学习作为人工智能的重要分支，再次成为科技界的热门话题。本模块首先介绍了机器学习简介，接着介绍了机器学习发展史，然后介绍了机器学习应用领域和常用方法等内容。通过本模块的学习，读者能够了解机器学习的相关概念，对机器学习发展史及应用领域有更多了解。

知识要求

（1）理解机器学习的概念。
（2）了解机器学习的四个发展阶段。
（3）了解机器学习涉及的应用领域。
（4）了解机器学习常用方法。

学习导览

本模块的学习导览图如图 1-1 所示。

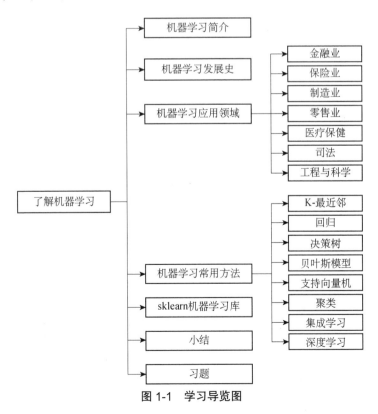

图 1-1　学习导览图

1.1　机器学习简介

机器学习（Machine Learning，ML）是人工智能研究领域的一部分，旨在通过数据观察、与世界互动为计算机提供知识，提供的知识允许被计算机正确地推广到新数据上。近二十年来，机器学习在人脸识别、机器翻译、内容推荐、医疗诊断、欺诈检测、异常检测、自动驾驶等领域取得了广泛的应用。

我们可以将机器学习理解为让计算机像人类一样学习和行动的科学，通过机器与现实世界互动来获取数据和信息，并以自主方式改善学习效果。它专门研究机器模拟或实现人类的行为，以获得新的知识或技能，并且能够优化现有的知识使之适应新的环境。

我们也可以将机器学习理解为将现实问题抽象为模型（数学问题），利用历史数据对模型进行训练，基于模型对新数据进行求解，并将结果转换为现实问题的答案的过程。

机器学习的一般处理流程如下：

（1）将现实问题抽象为数学问题。

（2）数据准备、数据探查、数据导入。

（3）选择或创建模型。

（4）训练及评估模型。

（5）预测结果。

机器学习的处理流程如图 1-2 所示。

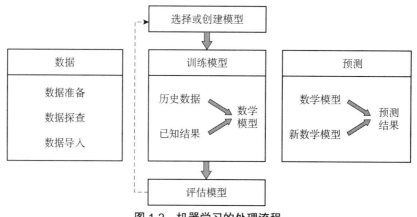

图 1-2　机器学习的处理流程

1.2　机器学习发展史

机器学习可追溯到塞缪尔（Samuel）的跳棋程序。机器学习是人工智能应用、研究的一个重要分支，它的发展史大体分为四个阶段。

第一个阶段是在 20 世纪 50 年代至 60 年代中叶，侧重于非符号的神经元模型探索，属于探索阶段。这个阶段的研究目标是自组织系统和自适应系统，主要研究方法是不断修改该系统的控制参数以改进执行能力，不涉及与具体任务有关的知识。塞缪尔的跳棋程序就是本阶段的典型例子。通过这个阶段的机器学习算法取得的学习结果很有限，远不能满足人们对机器学习系统的期望。在这个阶段，我国研制出了数字识别学习机。

第二个阶段是在 20 世纪 60 年代中叶至 70 年代中叶，主要侧重于符号学习，属于发展阶段。这个阶段的研究目标是模拟人类的概念学习过程，并采用逻辑结构和图结构作为机器内部描述。机器学习用符号来描述概念，并提出关于概念学习的各种假设。本阶段的代表性成果有温斯顿（Winston）提出的结构学习系统和海斯·罗斯（Hayes Roth）等人提出的归纳学习系统，这些机器学习系统只能学习单一概念，不能投入实际应用。我国在这个阶段的机器学习研究陷入了停滞状态。

第三个阶段是在 20 世纪 70 年代中叶至 80 年代中叶，机器学习的概念从单个延伸到多个，这个阶段被称为复兴阶段。机器学习一般都建立在大规模的知识库上，以实现强化学习。令人鼓舞的是，机器学习系统开始和各种应用结合，并取得极大的成功，促进了机器学习的快速发展。1980 年，美国卡内基梅隆大学召开的第一届机器学习国际研讨会，标志着机器学习研究走向繁荣。1986 年，国际性杂志《机器学习》（*Machine Learning*）创刊，迎来了机器学习蓬勃发展的新阶段。本阶段的代表性成果有莫斯托（Mostow）提出指导式学习、莱纳特（Lenat）设计数字概念发现程序、兰利（Langley）设计 BACON 程序及其改进版本。20 世纪 70 年代末，中国科学院自动化研究所进行质谱分析和模式文法推断研究，表明我国的机器学习研究得到恢复。1980 年，西蒙（Simon）来华传播机器学习的火种，我国的机器学习研究出现了新发展局面。

第四个阶段是从 20 世纪 80 年代中叶至今，机器学习综合了心理学、生物学、数学、自动化、计算机科学等多门学科，这个阶段是机器学习的最新阶段。机器学习进入新阶段有以下特点：

（1）机器学习已成为新的学科，并在许多高校开设课程。知识发现和数据挖掘从专家系统、知识工程、数据库领域扩展到各个方向，已经和机器学习研究融为一体。

（2）结合各种学习方法取长补短的集成学习系统研究正在兴起。

（3）机器学习与人工智能对于各种基础问题的统一性观点逐渐成形。

（4）机器学习的应用范围不断扩大，商业性应用层出不穷。

（5）机器学习研究已成热潮，相关的学术活动空前活跃。

1.3　机器学习应用领域

机器学习已在金融业、保险业、制造业、零售业、医疗保健、司法、工程与科学等行业或部门成功应用，为人们的科学决策提供了越来越多的帮助。

1.3.1　金融业

金融业需要收集和处理大量数据，并对这些数据进行分析，发现其数据模式及特征，通过发现某个客户、消费群体或组织的金融和商业兴趣，从而分析金融市场的变化趋势。

1.3.2　保险业

保险业通过分析理赔数据，运用机器学习模型来预测未来可能出现的损失和风险。机器学习可以帮助保险业收集、分析保险申请人数据，提供自动化索赔报告和实现自动化处理流程，提高处理保单的效率。例如，使用数据挖掘软件，对保险申请人的资料和索赔历史数据进行对比，以判定索赔是否合理。

1.3.3   制造业

资产管理、供应链管理和库存管理是机器学习在制造业领域最热门的应用场景。通过使用机器学习技术，制造业可以提高对设备的维护能力，减少供应链预测误差和销售损失，提高需求的预测准确率，降低能源成本和价格差异，同时也可以准确反映价格的弹性和敏感性。机器学习整合实时监控技术，可以优化车间操作，实时了解机器负载和生产进度。

1.3.4   零售业

机器学习可以帮助零售业提高运营效率、客户满意度和利润率，为客户提供个性化的服务和产品，比如，电商平台可以分析客户的购买记录、身份信息、访问历史、订单等相关数据，建立客户画像，根据客户画像提供个性化的服务和产品；电商平台也可以通过分析商品的历史价格和销售数据，预测不同市场和时间的最佳价格，帮助零售商更好地管理库存，提高销售额和利润率。

1.3.5   医疗保健

机器学习可以预测影响人体健康的因素，建立慢性病风险评级，并使用预测算法来制订个性化的患者治疗计划，帮助专业人员筛选大量数据，以选择最佳治疗方案。此外，大数据技术（如 Hadoop）的成熟也推动了机器学习在医疗保健领域的广泛应用。

1.3.6   司法

机器学习可以应用于案件调查、诈骗预测、洗钱认证、犯罪组织分析等，给司法工作带来巨大帮助。例如，通过图像识别技术快速、准确地识别犯罪嫌疑人或目标，提高警方的办事效率和准确率。机器学习通过分析图像和文字，自动识别和屏蔽网络中的恶意软件、病毒和钓鱼网站，保护用户的信息安全，防止恶意冒充他人骗取钱财的事情发生。

1.3.7   工程与科学

机器学习在工程与科学的应用广泛，可以帮助人们快速、准确地分析和理解专业数据。例如，天文领域通过分析星系的光谱数据，能够确定星系的质量、年龄、金属丰度等物理参数，或通过机器学习识别和分类行星、恒星、星云等天体。

1.4   机器学习常用方法

在深度学习的带动下，越来越多的科研人员和开发工程师开始重新审视机器学习，尝试使用机器学习解决各种应用问题。从学习形式的视角，机器学习可分为监督学习、无监督学习和强化学习。

1. 监督学习

监督学习是机器学习中一种常用的方法，其训练数据中包含特征和标签。它利用一组已知标签的样本调整模型参数，使模型达到要求的性能，因此也被称为监督训练或有教师学习。主流的监督学习算法有决策树、逻辑回归、线性回归、K-最近邻、神经网络、贝叶斯模型等。

2. 无监督学习

无监督学习中的训练数据没有对应的特征和标签，这意味着无法提供训练数据，机器只能自行学习，而无须事先提供任何有关特征和标签的信息。典型的无监督学习就是聚类算法，比如，K-平均值（K-Means）、最大期望（Expection-Mayimization，EM）等算法。

3. 强化学习

强化学习的输出标签不是简单的"是"或"否"，而是一种奖惩机制。它用于描述和解决智能体（Agent）在复杂、不确定的环境下的极大化奖励问题。强化学习的主流算法一般分为免模型学习和有模型学习，常用算法有策略优化（Policy Optimization）、Q-Learning、MBMF（Model-Based Model-Free）等。

下面介绍数据科学家们最常使用的机器学习算法，包括 K-最近邻、回归、决策树、贝叶斯模型、支持向量机、聚类、集成学习、深度学习等。

1.4.1　K-最近邻

K-最近邻（K-Nearest Neighbor，KNN）是一种非参数、有监督的学习分类器，它使用邻近度对单个数据点的分组进行分类或预测。虽然它可以解决回归或分类问题，但通常用作分类算法，假设可以在附近找到相似点。

分类问题需要根据多数票分配类别标签，也就是使用给定数据点周围最常表示的标签。KNN 根据待测样本与所在的特征空间的样本距离进行递增排序，选取与当前数据点距离最近的 k 个数据点（邻居），计算每一个分类的占比，应用投票机制，将占比最高（多数票）的类作为预测结果。

1.4.2　回归

回归（Regression）主要通过学习特征值与预测值间的定量关系来分析业务需求。根据特征值与预测值的表达式，回归可分为线性回归或非线性回归。

从目标类型看，回归又分为线性回归（Linear Regression）与逻辑回归（Logistic Regression）。线性回归是通过给定训练集（即训练数据的集合）学习并得到一个一元一次方程或多元一次方程，并在损失函数的约束下，求解相关系数的算法，解决的是回归问题，输出的是连续值；逻辑回归是在线性回归的基础上加一个 S 型函数（Sigmoid()函数），它解决的是分类问题，输出的是离散值。

1.4.3 决策树

决策树（Decision Tree）是一种用来描述分类和回归的监督学习方法，其目的是创建一种模型以从特征值中学习简单的决策规则来预测目标变量的值。

决策树的优势在于要求提供的训练数据少，能够处理多路输出问题，支持连续型、离散型或混合型特征；不足是决策树容易创建过于复杂的模型，这种复杂模型的泛化性能很差，即存在过拟合问题。剪枝、设置叶节点所需的最少样本数量或树的最大深度等都是避免出现上述问题的可行方法。

1.4.4 贝叶斯模型

贝叶斯模型结合先验概率和后验概率，既避免了只使用先验概率的主观偏见，也避免了单独使用样本信息出现的过拟合问题。朴素贝叶斯（Naive Bayes）是基于贝叶斯定理的一组有监督学习算法，即"简单"地假设每对特征相互独立，在一定程度上降低了贝叶斯分类算法的分类效果，但是在实际的应用场景中，极大地简化了贝叶斯模型的复杂性，在很多情况下，朴素贝叶斯工作效果很好，特别是文档分类和垃圾邮件过滤。值得一提的是，作为重要的贝叶斯模型，贝叶斯分类（Bayes Classification）算法可利用概率统计知识进行分类。

1.4.5 支持向量机

支持向量机（Support Vector Machine，SVM）是一种用来解决二分类问题的机器学习算法，它通过在样本空间中找到一个分类超平面，将不同类别的样本分开，同时使得两个点集到此平面的距离最长，两个点集中的边缘点到此平面的距离最长。

在深度学习出现之前，SVM 是传统机器学习非常重要的一个分类算法，也是最流行和最受关注的算法之一。SVM 的优势是解决了小样本下的机器学习问题，泛化能力比较强，对不平衡数据分布不敏感；不足是存在计算时间长、缺失数据敏感性，以及有时候非线性问题很难找到一个合适的函数等问题。

1.4.6 聚类

在聚类问题中，会给定一组未加标签的数据集，希望有一个算法能够自动将这个数据集分成紧密联系的子集或簇。K-平均值是目前应用最广泛的聚类算法之一，该算法的执行过程分为如下四个阶段：

（1）随机将 k 个特征空间内的样本点作为初始的聚类中心。

（2）计算其他样本点与 k 个聚类中心的距离，将样本点分配到距离最近的聚类中心。

（3）在所有样本点都被标记过聚类中心后，根据这些样本点新分配的类簇，通过获取每个先前的质心（即样本中心点）的所有样本的平均值来创建新的质心，重新对 k 个聚类中心进行计算。

（4）计算先前的和新的质心之间的差异，如果所有的样本点从属的聚类中心与上一次分配的类簇没有变化，那么迭代就可以停止了，否则回到（2）继续循环。

确定聚类中心的数量并不容易，目前要用自动化算法来确定聚类中心的数量还很难做到，聚类中心的数量大部分时候仍然通过人工输入或者经验确定。其中一种可以尝试方式是"肘部法则"，但不能期望它每次都有效果，确定聚类中心的数量的更好思路是明确使用 K-平均值的目的，让聚类中心的数量更好地服务于后续工作。

1.4.7　集成学习

集成学习（Ensemble Learning）通过构建并结合多个分类器来完成学习任务，也被称为多分类器系统。集成学习通常分为 2 种：一种是先由算法构建多个独立的分类器，然后取它们的预测结果的平均值，例如，投票法、Bagging 算法、随机森林算法等；另一种是依次构建分类器，并且每一个基学习器都尝试减少组合分类器的偏差，这种方法结合了多个弱模型，使集成的模型更加强大，典型算法有 AdaBoost 算法。第一种集成学习允许基分类器并行，而第二种集成学习往往只能串行运行单个分类器。

1.4.8　深度学习

深度学习（Deep Learning）是机器学习领域中一个新的研究方向，本质上是一个三层或更多层的神经网络。它利用大量数据中进行学习，试图让机器能够像人一样具有分析和学习能力，能够识别文字、图像和语音等多模态数据。深度学习算法可分为多层感知机、卷积神经网络和循环神经网络等类型。

（1）多层感知机（Multi-Layer Perceptron，MLP）在输出层和输入层之间增加一个或多个全连接隐藏层，并通过激活函数转换该隐藏层的输出。

（2）卷积神经网络（Convolutional Neural Network，CNN）是一种特殊的神经网络，它可以包含多个卷积层。在图像处理中，卷积层通常比全连接隐藏层需要更少的参数，但依旧能获得高效用模型，适合处理高分辨率图像。

（3）循环神经网络（Recurrent Neural Network，RNN）通过引入状态变量存储过去的信息和当前的输入，从而确定当前的输出。它能更好地处理序列信息（如文本理解、视频分析、网站浏览、股市波动、体温曲线或者赛车加速度等），期望预测已知序列的后续信息。

1.5　sklearn 机器学习库

sklearn（又称 scikit-learn）是机器学习领域非常热门的一个开源包，可以实现分类、回归、降维、模型选择、数据预处理等常用操作，是必不可少的一种机器学习库。

sklearn 的基本功能分为六个部分：分类、回归、数据降维、聚类、模型选择和数据预处理。

（1）分类：提供 K-平均值、支持向量机、回归、贝叶斯模型、决策树等接口。

（2）回归：支持线性回归、Lasso 回归、岭回归、弹性网络回归等回归算法。

（3）数据降维：包括主成分分析（Principal Component Analysis，PCA）、矩阵的奇异值分解（Singular Value Decomposition，SVD）、线性判别分析（Linear Discriminant Analysis，LDA）等接口。

（4）聚类：支持 K-平均值、基于密度的带噪声的空间聚类（Density-Based Spatial

Clustering of Applications with Noise，DBSCAN）、BIRTH（Balanced Iterative Reducing and Clustering using Hierarchies）等聚类算法。

（5）模型选择：可用交叉验证、网格搜索等估计器选择最优模型。

（6）数据预处理：包括标准化、缺失值填充和特征提取等。

本书基于 sklearn 机器学习库（下文简称 sklearn），结合案例介绍了机器学习的核心知识、算法及应用，引导读者在动手实践中掌握机器学习技术。

小　结

（1）机器学习是人工智能的一个重要分支，也是机器变得智能的重要途径。

（2）机器学习的处理对象既有类似二维表的结构化数据，也有文字、图像、语音等非结构化的多模态数据。

（3）监督学习的训练数据包含标签，而非监督学习的没有标签。

（4）深度学习属于机器学习的一个分支，是通过深度网络模型自动提取特征的一种算法。

（5）sklearn 提供了目前常用的机器学习算法接口。

习　题

一、选择题

1.（　　）不属于机器学习的处理流程。

A. 数据准备　　　　B. 模型训练　　　　C. 模型评估　　　　D. 数据展示

2. K-平均值属于（　　）算法。

A. 监督学习　　　　B. 无监督学习　　　C. 强化学习　　　　D. 深度学习

3. 下列表述中，不属于神经网络的组成部分的是（　　）。

A. 输入层　　　　　B. 输出层　　　　　C. 隐藏层　　　　　D. 特征层

4. 下列不属于监督学习的方法是（　　）。

A. K-最近邻　　　　B. 逻辑回归　　　　C. 策略优化　　　　D. 决策树

5. 下列不属于集成学习的是（　　）。

A. 投票法　　　　　B. K-平均值　　　　C. Bagging 算法　　D. AdaBoost 算法

二、填空题

1. 深度学习是（　　）的一种，而（　　）是实现人工智能的重要途径。

2. 在 K-最近邻、逻辑回归、决策树、K-平均值、支持向量机中，（　　）属于无监督的机器学习算法。

3. 决策树容易产生过于复杂的模型，（　　）、设置（　　）或（　　）是避免出现该问题的可行方法。

三、思考题

与机器学习相比，深度学习更依赖大量的训练数据，请分析内在原因。

模块 2　机器学习开发环境安装及使用

在大数据和人工智能热潮的推动下，Python 和 Jupyter 已经成为数据科学领域的主流组合，将 Python 和 Jupyter 组合并用来完成机器学习任务成为 Python 程序员的重要选择之一。本模块首先介绍机器学习开发环境安装，接着介绍在 JupyterLab 环境中编写 Python 程序，继而介绍 JupyterLab 程序调试，此外还介绍了 Markdown 目录制作。通过本模块的学习，读者能够学会安装及使用机器学习开发环境，编写 Python 程序并调试，以及编辑和浏览 Markdown 文件。

技 能 要 求

（1）学会安装机器学习开发环境。
（2）掌握在 JupyterLab 环境中编程。
（3）掌握 JupyterLab 调试。
（4）了解 Markdown 目录制作。

学 习 导 览

本模块的学习导览图如图 2-1 所示。

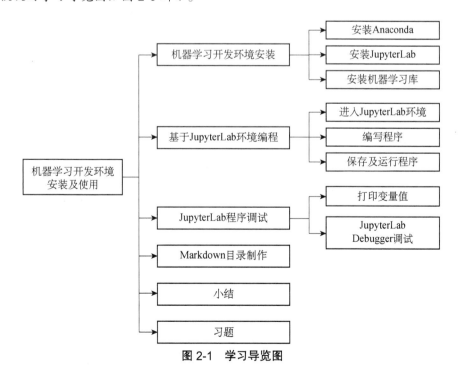

图 2-1　学习导览图

2.1　机器学习开发环境安装

2.1.1　安装 Anaconda

Anaconda 是一个基于 Python 的数据处理和科学计算平台，内置了许多非常有用的第三方库。在安装 Anaconda 后，Conda、Python、NumPy、SciPy、Pandas、Matplotlib 等 200 多个预先选择的软件包也已经安装完成。

下面以 Anaconda3 2023.07-2 为例，介绍 Anaconda 的安装步骤。

步骤 1：进入 Anaconda 的下载网页，如图 2-2 所示。

🔒 mirrors.tuna.tsinghua.edu.cn/anaconda/archive/

Anaconda3-2023.07-2-MacOSX-x86_64.sh	612.1 MiB	2023-08-05 00:00
Anaconda3-2023.07-2-Windows-x86_64.exe	898.6 MiB	2023-08-05 00:00
Anaconda3-2023.09-0-Linux-aarch64.sh	838.8 MiB	2023-09-29 23:47
Anaconda3-2023.09-0-Linux-ppc64le.sh	525.2 MiB	2023-09-29 23:47
Anaconda3-2023.09-0-Linux-s390x.sh	366.2 MiB	2023-09-29 23:47
Anaconda3-2023.09-0-Linux-x86_64.sh	1.1 GiB	2023-09-29 23:47
Anaconda3-2023.09-0-MacOSX-arm64.pkg	741.8 MiB	2023-09-29 23:47
Anaconda3-2023.09-0-MacOSX-arm64.sh	744.0 MiB	2023-09-29 23:47
Anaconda3-2023.09-0-MacOSX-x86_64.pkg	772.0 MiB	2023-09-29 23:48
Anaconda3-2023.09-0-MacOSX-x86_64.sh	774.1 MiB	2023-09-29 23:48
Anaconda3-2023.09-0-Windows-x86_64.exe	1.0 GiB	2023-09-29 23:48
Anaconda3-4.0.0-Linux-x86.sh	336.9 MiB	2017-01-31 01:34
Anaconda3-4.0.0-Linux-x86_64.sh	398.4 MiB	2017-01-31 01:35

图 2-2　Anaconda 的下载网页

下载 Windows 版本的 Anaconda 安装包，这里下载 Anaconda3-2023.07-2-Windows-x86_64.exe 文件。

步骤 2：双击步骤 1 中下载的文件。

步骤 3：单击"Next"按钮，如图 2-3 所示。

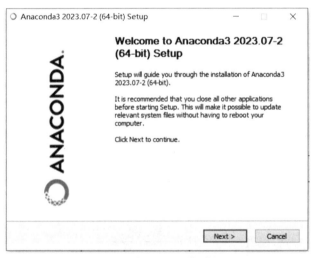

图 2-3　单击"Next"按钮

步骤 4：单击"I Agree"按钮，如图 2-4 所示。

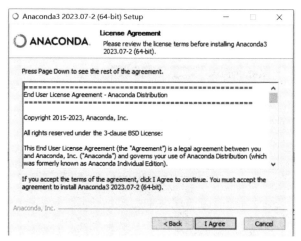

图 2-4　单击"I Agree"按钮

步骤 5：选择"Just Me（recommended）"选项，单击"Next"按钮，如图 2-5 所示。选择安装路径，也可以选择默认的安装路径，安装路径在后面设置系统路径时会用到，如图 2-6 所示。

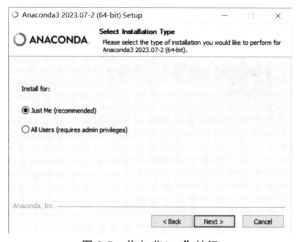

图 2-5　单击"Next"按钮

图 2-6　选择安装路径

步骤 6：保留默认勾选的选项，单击"Install"按钮，如图 2-7 所示。

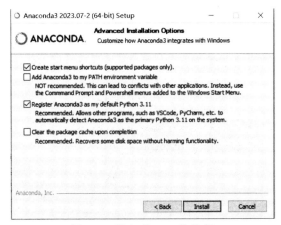

图 2-7 单击"Install"按钮

步骤 7：开始安装，如图 2-8 所示。

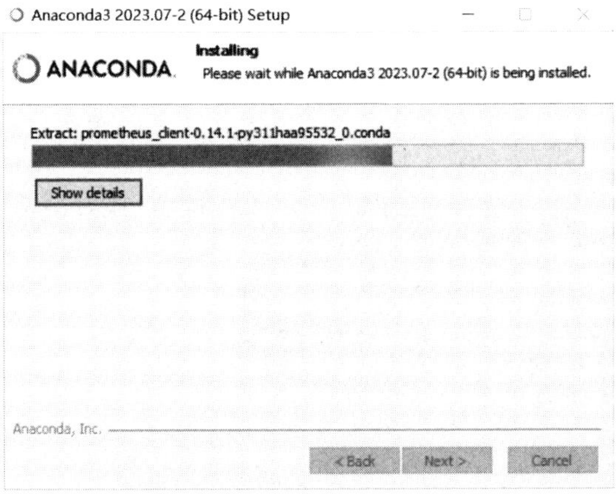

图 2-8 开始安装 Anaconda

步骤 8：在安装完成后，再次单击"Next"按钮，如图 2-9 所示。

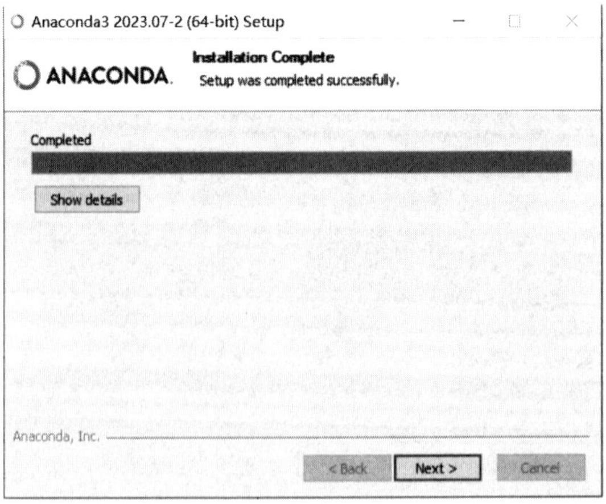

图 2-9 再次单击"Next"按钮

步骤 9：如图 2-10 所示的窗口提醒使用 Anaconda 云服务，此处依然单击"Next"按钮。

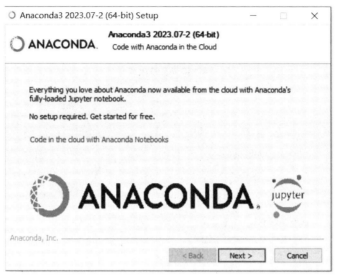

图 2-10　依然单击"Next"按钮

步骤 10：不勾选"Launch Anaconda Navigator"和"Getting Started with Anaconda Distribution"选项，单击"Finish"按钮，完成安装，如图 2-11 所示。

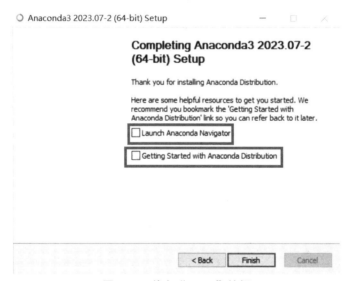

图 2-11　单击"Finish"按钮

步骤 11：鼠标右键单击"我的电脑"图标，依次选择"属性"→"高级系统设置"→"环境变量"选项，如图 2-12 所示。注意，在选择"高级系统设置"选项时，系统默认进入"高级"选项卡。

步骤 12：选择"系统变量"里的"PATH"选项，单击"编辑"按钮，如图 2-13 所示。

步骤 13：（可选）单击"新建"按钮，在环境变量中添加 3 个安装路径：%Anaconda 的安装路径%、%Anaconda 的安装路径%\Scripts、%Anaconda 的安装路径%\Library\bin。比如，Anaconda 的安装路径是"D:\Users\lenovo\anaconda3"，如图 2-14 所示。

图 2-12　依次选择"属性"→"高级系统设置"→"环境变量"选项

图 2-13　单击"编辑"按钮

图 2-14　添加 3 个安装路径

2.1.2　安装 JupyterLab

2.1.2　安装 JupyterLab

Jupyter 源于 IPython Notebook，是使用 Python（也有 R、Julia、Node 等其他编程语言的内核）进行代码演示、数据分析、可视化、教学的优秀工具，对 Python 和 AI 的广泛应用有很大的推动作用。JupyterLab 是 Jupyter 的拓展，Jupyter 和 JupyterLab 一般是通用的，但 JupyterLab 提供了更好的用户体验。JupyterLab 支持在一个浏览器页面中打开或编辑多个 Notebook、控制台或终端，可以预览和编辑 Python、Markdown、JSON、YML、CSV 等格式的文件，还可以在 JupyterLab 程序中连接 Google Drive 等云存储服务，极大地提升了生产力。本教材所有案例代码都在 JupyterLab 环境中编写和运行，接下来介绍 JupyterLab 安装过程。

步骤 1：依次单击"Anaconda3(64-bit)"→"Anaconda Prompt"按钮，如图 2-15 所示。

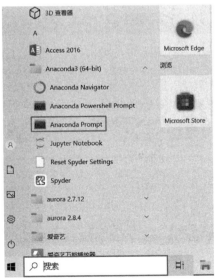

图 2-15　依次单击"Anaconda3(64-bit)"→"Anaconda Prompt"按钮

步骤 2：将 pip 升级到最新版本，如图 2-16 所示。

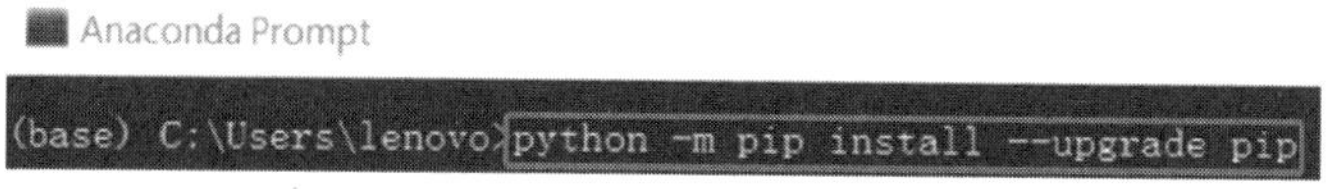

Anaconda Prompt
(base) C:\Users\lenovo>python -m pip install --upgrade pip

图 2-16　升级 pip 版本

步骤 3：创建 Conda 开发环境，如图 2-17 所示。

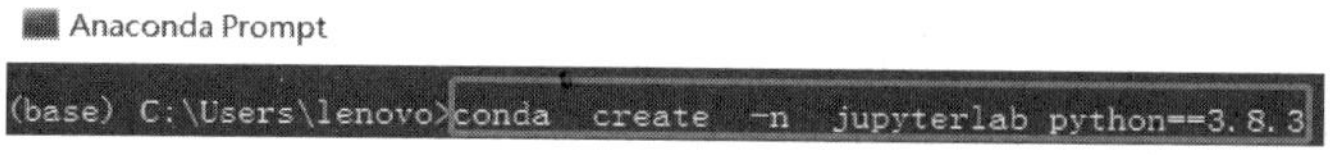

Anaconda Prompt
(base) C:\Users\lenovo>conda create -n jupyterlab python==3.8.3

图 2-17　创建 Conda 开发环境

运行结果如图 2-18 所示。

Anaconda Prompt
Preparing transaction: done
Verifying transaction: done
Executing transaction: done
# To activate this environment, use
$ conda activate jupyterlab
# To deactivate an active environment, use
$ conda deactivate
(base) C:\Users\lenovo>

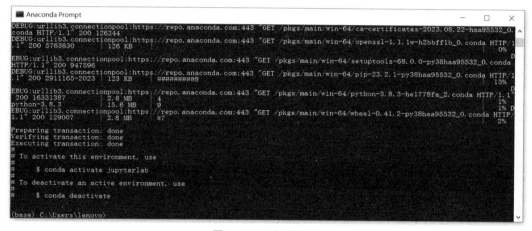

图 2-18　运行结果 1

步骤 4：激活 Conda 开发环境，如图 2-19 所示。

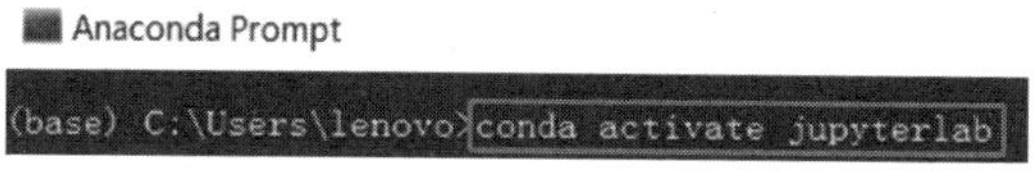

Anaconda Prompt
(base) C:\Users\lenovo>conda activate jupyterlab

图 2-19　激活 Conda 开发环境

运行结果如图 2-20 所示。

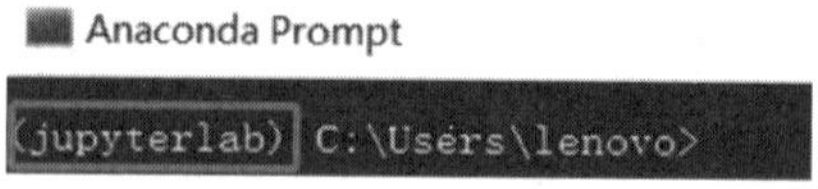

Anaconda Prompt
(jupyterlab) C:\Users\lenovo>

图 2-20　运行结果 2

步骤 5：安装 JupyterLab，如图 2-21 所示。

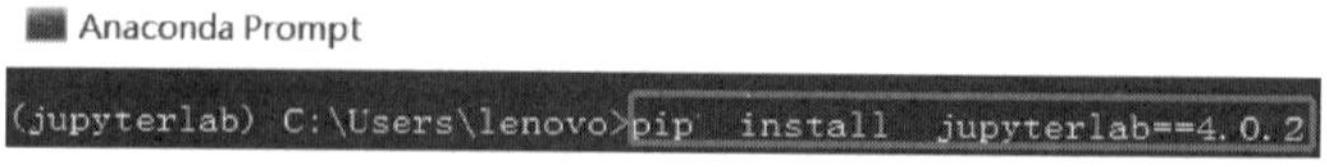

Anaconda Prompt
(jupyterlab) C:\Users\lenovo>pip install jupyterlab==4.0.2

图 2-21　安装 JupyterLab 库

运行结果如图 2-22 所示。

Anaconda Prompt

```
 Downloading https://mirrors.tuna.tsinghua.edu.cn/pypi/web/packages/1c/af/5af2e2a02bc464c1c7818c260606343020b96c0d5b64f
637d9e91aee24fe/types_python_dateutil-2.8.19.14-py3-none-any.whl (9.4 kB)
Installing collected packages: webencodings, wcwidth, types-python-dateutil, pywin32, pytz, pure-eval, pickleshare, json
5, fastjsonschema, executing, backcall, zipp, websocket-client, webcolors, urllib3, uri-template, typing-extensions, tra
itlets, tornado, tomli, tinycss2, soupsieve, sniffio, six, send2trash, rpds-py, rfc3986-validator, pyzmq, pyyaml, pywinp
ty, python-json-logger, pygments, pycparser, psutil, prompt-toolkit, prometheus-client, platformdirs, pkgutil-resolve-na
me, parso, pandocfilters, packaging, overrides, nest-asyncio, mistune, MarkupSafe, jupyterlab-pygments, jsonpointer, idn
a, fqdn, exceptiongroup, defusedxml, decorator, debugpy, colorama, charset-normalizer, certifi, babel, attrs, terminado,
 rfc3339-validator, requests, referencing, python-dateutil, matplotlib-inline, jupyter-core, jinja2, jedi, importlib-res
ources, importlib-metadata, comm, cffi, bleach, beautifulsoup4, async-lru, asttokens, anyio, stack-data, jupyter-server-
terminals, jupyter-client, jsonschema-specifications, arrow, argon2-cffi-bindings, jsonschema, isoduration, ipython, arg
on2-cffi, nbformat, ipykernel, nbclient, jupyter-events, nbconvert, jupyter-server, notebook-shim, jupyterlab-server, ju
pyter-lsp, jupyterlab
Successfully installed MarkupSafe-2.1.3 anyio-4.0.0 argon2-cffi-23.1.0 argon2-cffi-bindings-21.2.0 arrow-1.3.0 asttokens
-2.4.0 async-lru-2.0.4 attrs-23.1.0 babel-2.12.1 backcall-0.2.0 beautifulsoup4-4.12.2 bleach-6.0.0 certifi-2023.7.22 cff
i-1.16.0 charset-normalizer-3.3.0 colorama-0.4.6 comm-0.1.4 debugpy-1.8.0 decorator-5.1.1 defusedxml-0.7.1 exceptiongrou
p-1.1.3 executing-2.0.0 fastjsonschema-2.18.1 fqdn-1.5.1 idna-3.4 importlib-metadata-6.8.0 importlib-resources-6.1.0 ipy
kernel-6.25.2 ipython-8.12.3 isoduration-20.11.0 jedi-0.19.0 jinja2-3.1.2 json5-0.9.14 jsonpointer-2.4 jsonschema-4.19.1
 jsonschema-specifications-2023.7.1 jupyter-client-8.3.1 jupyter-core-5.3.2 jupyter-events-0.7.0 jupyter-lsp-2.2.0 jupyt
er-server-2.7.3 jupyter-server-terminals-0.4.4 jupyterlab-4.0.2 jupyterlab-pygments-0.2.2 jupyterlab-server-2.25.0 matpl
otlib-inline-0.1.6 mistune-3.0.2 nbclient-0.8.0 nbconvert-7.8.0 nbformat-5.9.2 nest-asyncio-1.5.8 notebook-shim-0.2.3 ov
errides-7.4.0 packaging-23.2 pandocfilters-1.5.0 parso-0.8.3 pickleshare-0.7.5 pkgutil-resolve-name-1.3.10 platformdirs-
3.10.0 prometheus-client-0.17.1 prompt-toolkit-3.0.39 psutil-5.9.5 pure-eval-0.2.2 pycparser-2.21 pygments-2.16.1 python
-dateutil-2.8.2 python-json-logger-2.0.7 pytz-2023.3.post1 pywin32-306 pywinpty-2.0.11 pyyaml-6.0.1 pyzmq-25.1.1 referen
cing-0.30.2 requests-2.31.0 rfc3339-validator-0.1.4 rfc3986-validator-0.1.1 rpds-py-0.10.3 send2trash-1.8.2 six-1.16.0 s
niffio-1.3.0 soupsieve-2.5 stack-data-0.6.3 terminado-0.17.1 tinycss2-1.2.1 tomli-2.0.1 tornado-6.3.3 traitlets-5.10.1 t
ypes-python-dateutil-2.8.19.14 typing-extensions-4.8.0 uri-template-1.3.0 urllib3-2.0.5 wcwidth-0.2.8 webcolors-1.13 web
encodings-0.5.1 websocket-client-1.6.3 zipp-3.17.0
```

图 2-22　运行结果 3

知识专栏　　解决 pip 网络连接失败问题

如果网络连接失败，则会出现如图 2-23 所示的错误提示。

```
    data: bytes = self._fp.read(amt)
  File "D:\Users\Jupyter\anaconda3\envs\jupyterlab\lib\http\client.py", line 454, in read
    n = self.readinto(b)
  File "D:\Users\Jupyter\anaconda3\envs\jupyterlab\lib\http\client.py", line 498, in readinto
    n = self.fp.readinto(b)
  File "D:\Users\Jupyter\anaconda3\envs\jupyterlab\lib\socket.py", line 669, in readinto
    return self._sock.recv_into(b)
  File "D:\Users\Jupyter\anaconda3\envs\jupyterlab\lib\ssl.py", line 1241, in recv_into
    return self.read(nbytes, buffer)
  File "D:\Users\Jupyter\anaconda3\envs\jupyterlab\lib\ssl.py", line 1099, in read
    return self._sslobj.read(len, buffer)
socket.timeout: The read operation timed out

During handling of the above exception, another exception occurred:
```

图 2-23　错误提示

这往往是因为默认的国外数据源不能访问，我们可以在 pip 命令后面添加国内数据源解决问题，如图 2-24 所示。

Anaconda Prompt

```
(jupyterlab) C:\Users\lenovo>pip install jupyterlab==4.0.2 -i https://pypi.tuna.tsinghua.edu.cn/simple
```

图 2-24　添加国内数据源

知识专栏　　JupyterLab

JupyterLab 是一种基于 Web 的集成开发环境，可以用来编写 Python 程序（ipynb 格式）、操作终端、编辑 Markdown 文件、打开交互模式、查看 CSV 文件及图像等。以 ipynb 格式编写的程序和文档，可以导出 PDF、HTML 等格式。只要屏幕足够大，JupyterLab 用户完全可以一边看 PDF 文档、Markdown 文件、图像等，一边编写代码、进行数据分析和绘图、LaTex 文档设计及浏览。JupyterLab 具有以下特点：

1. 交互式模式

交互式模式支持直接输入代码并执行，可立刻得到结果。

2. 文档有内核支持

能使用 Markdown 编写文档，支持 Python、R 等编程语言。

3. 模块化界面

同一个窗口中可以同时打开多个子窗口且都以标签的形式展示，更像一个 IDE。

4. 同一个文档有多个视图

能够实时同步编辑文档并查看结果。

5. 支持多种数据格式

可以查看并处理多种数据格式，也可以进行丰富的可视化输出或者以 Markdown 形式输出。

6. 云服务

使用 JupyterLab 连接 Google Drive 云储存服务，可以极大地提升生产力。

2.1.3　安装机器学习库

2.1.3　安装机器学习库

步骤 1：安装 sklearn 库，如图 2-25 所示。

🔲 Anaconda Prompt

(jupyterlab) C:\Users\lenovo>pip install scikit-learn==1.3.0

图 2-25　安装 sklearn 库

运行结果如图 2-26 所示。

```
Looking in indexes: https://pypi.mirrors.ustc.edu.cn/simple
Collecting scikit-learn==1.3.0
  Downloading https://mirrors.tuna.tsinghua.edu.cn/pypi/web/packages/5f/08/c66e99f06fb73f727c870172f0962c103262ac68839cc
05234709b7b45c2/scikit_learn-1.3.0-cp38-cp38-win_amd64.whl (9.2 MB)
                                          eta 0:00:00
Collecting numpy>=1.17.3 (from scikit-learn==1.3.0)
  Downloading https://mirrors.tuna.tsinghua.edu.cn/pypi/web/packages/69/65/0d47953afa0ad569d12de5f65d964321c208492064c38
fe3b0b9744f8d44/numpy-1.24.4-cp38-cp38-win_amd64.whl (14.9 MB)
                                          eta 0:00:00
Collecting scipy>=1.5.0 (from scikit-learn==1.3.0)
  Downloading https://mirrors.tuna.tsinghua.edu.cn/pypi/web/packages/32/8e/7f403535ddf826348c9b8417791e28712019962f7e90f
f845896d6325d09/scipy-1.10.1-cp38-cp38-win_amd64.whl (42.2 MB)
                                          eta 0:00:00
Collecting joblib>=1.1.1 (from scikit-learn==1.3.0)
  Downloading https://mirrors.tuna.tsinghua.edu.cn/pypi/web/packages/10/40/d551139c85db202f1f384ba8bcf96aca2f329440a844f
924c8a0040b6d02/joblib-1.3.2-py3-none-any.whl (302 kB)
                                          eta 0:00:00
Collecting threadpoolctl>=2.0.0 (from scikit-learn==1.3.0)
  Downloading https://mirrors.tuna.tsinghua.edu.cn/pypi/web/packages/81/12/fd4dea011af9d69elcad05c75f3f7202cdcbeac9b712e
ea58ca779a72865/threadpoolctl-3.2.0-py3-none-any.whl (15 kB)
Installing collected packages: threadpoolctl, numpy, joblib, scipy, scikit-learn
Successfully installed joblib-1.3.2 numpy-1.24.4 scikit-learn-1.3.0 scipy-1.10.1 threadpoolctl-3.2.0
```

图 2-26　运行结果 1

> **知识专栏**　　　　　　　　　　　　　sklearn 库
>
> sklearn 库是基于 Python 语言的免费机器学习库。它具有各种分类、回归和聚类算法，包括 K-最近邻、逻辑回归和线性回归、贝叶斯模型、支持向量机、K-平均值等。sklearn 库基于 NumPy 和 SciPy 等 Python 科学计算库，提供了高效的算法，官方文档齐全，更新及时，具有接口易用、算法全面等优点。

步骤 2：安装 Pandas 库，如图 2-27 所示。

🔲 Anaconda Prompt

(jupyterlab) C:\Users\lenovo>pip install pandas==2.0.3

图 2-27　安装 Pandas 库

运行结果如图 2-28 所示。

图 2-28　运行结果 2

> **知识专栏　　　　　　　　　　Pandas 库**
>
> 　　Pandas 是 "Python data analysis library" 的简写，衍生自计量经济学术语 "Panel Data"。Pandas 库诞生于 2008 年，它的创始人 Wes McKinney 是一位量化金融分析工程师。Pandas 支持从 CSV、JSON、SQL、Excel 等格式的文件导入数据，能对各种数据进行运算，比如归并、再成形、选择、清洗和加工。Pandas 基于 NumPy 开发，可以与其他第三方科学计算库完美集成。
>
> 　　Pandas 的主要数据结构是 Series（序列，一维数据）与 DataFrame（数据帧，二维数据）。DataFrame 是 Series 的容器，Series 是标量的容器。基于这两种数据结构，Pandas 可处理以下类型的数据：
>
> 　　（1）与 SQL 或 Excel 文件中类似的、含异构列的表格数据。
>
> 　　（2）有序和无序（非固定频率）的时间序列数据。
>
> 　　（3）带行、列标签的矩阵数据，包括同构或异构型数据。
>
> 　　（4）任意其他形式的观测、统计数据集。

步骤 3：安装 Matplotlib 库，如图 2-29 所示。

图 2-29　安装 Matplotlib 库

运行结果如图 2-30 所示。

图 2-30　运行结果 3

····➤ **知识专栏**   **Matplotlib 库**

Matplotlib 库是一个 Python 绘图库，可以将数据以图表的形式直观地呈现出来。通过 Matplotlib 库，开发者仅需要几行代码便可以生成折线图、散点图、等高线图、条形图、直方图、3D 图形，甚至是图形动画等。

步骤 4：安装 seaborn 库，如图 2-31 所示。

图 2-31　安装 seaborn 库

运行结果如图 2-32 所示。

图 2-32　运行结果 4

····➤ **知识专栏**   **seaborn 库**

seaborn 库是基于 Matplotlib 库的图形可视化 Python 包，它提供了一种高度交互式界面，便于用户设计各种有吸引力的统计图表。

seaborn 库是 Matplotlib 库的补充，它在 Matplotlib 库的基础上进行了更高级的 API 封装，使得作图更加容易，并且 seaborn 库在大多数情况下能作出更具有吸引力的图。同时，它支持 NumPy 与 Pandas 数据结构，并兼容 SciPy 与 statsmodels 等与统计相关的库。

步骤 5：安装 jieba 库，如图 2-33 所示。

■ Anaconda Prompt

(jupyterlab) C:\Users\lenovo>pip install jieba==0.42.1

图 2-33　安装 jieba 库

运行结果如图 2-34 所示。

■ Anaconda Prompt   — □ ×
```
Collecting jieba==0.42.1
  Downloading https://mirrors.tuna.tsinghua.edu.cn/pypi/web/packages/c6/cb/18eeb235f833b726522d7ebed54f2278ce28ba9438e31
35ab0278d9792a2/jieba-0.42.1.tar.gz (19.2 MB)
                                              19.2/19.2 MB                eta 0:00:00
  Preparing metadata (setup.py) ... done
Building wheels for collected packages: jieba
  Building wheel for jieba (setup.py) ... done
  Created wheel for jieba: filename=jieba-0.42.1-py3-none-any.whl size=19314474 sha256=fe88ce0496c6b81371061a82cdcda349e
be37671c9da05d6f8c0c717286ea3c0
  Stored in directory: c:\users\lenovo\appdata\local\pip\cache\wheels\e3\d1\6c\f2e8041445a05e4993af1c28ac7d10329e0a4745b
31145ca0d
Successfully built jieba
Installing collected packages: jieba
Successfully installed jieba-0.42.1
```

图 2-34　运行结果 5

> **···>> 知识专栏**　　　　　　　　　　　　　　**jieba 库**
>
> jieba 库是优秀的中文分词库，它支持简单分词、并行分词和命令行分词，还支持关键词提取、词性标注、词位置查询等功能。
>
> 由于中文文本中的每个汉字都是连续的，因此自然语言处理（Natural Language Processing，NLP）需要通过特定的手段来获得每个词组，这种手段叫作分词。jieba 库是一款优秀的 Python 第三方中文分词库，虽然它立足于 Python，但同样支持其他语言，诸如 C++、Go、R、Rust、PHP 等。目前，jieba 库是最常用的中文分词库。

步骤 6：安装 PyTorch 库。注意，--index-url 前面有空格，如图 2-35 所示。

图 2-35　安装 PyTorch 库

由于窗口尺寸，图 2-35 中的 "torchaudio==2.0.1" 后面的内容会自动换行，在实际操作时不需要按回车键换行。

运行结果如图 2-36 所示。

图 2-36　运行结果 6

> **···>> 知识专栏**　　　　　　　　　　　　　　**PyTorch 库**
>
> PyTorch 库是一种用于构建深度学习模型的功能完备的框架，也是一种常用于图像识别和语言处理的机器学习库。它完全支持 GPU，并且可以使用反向模式的自动微分技术，因此可以动态修改图形，这使其成为快速实验和原型设计的常用选择。
>
> PyTorch 库是 Facebook AI 实验室（Facebook's AI Research，FAIR）发布的深度学习框架，该框架将 Torch 中高效而灵活的 GPU 加速后端库与直观的 Python 前端相结合，支持尽可能广泛的深度学习模型。PyTorch 不仅支持开发者使用熟悉的命令式编程方法，而且可以输出图形。它于 2017 年以开源形式发布，以其 Python 根源深受机器学习开发者的喜爱。

PyTorch 的主要优势如下：

（1）采用 Python 编写，集成了热门的 NumPy、SciPy、Cython 等 Python 库，吸引了诸多的 Python 开发者。

（2）支持 CPU、GPU、并行处理及分布式训练，可以在多台机器的多个 GPU 上进行训练。

（3）支持动态计算图形，能够在运行时更改网络行为。

（4）PyTorch Hub 扩展包是一个预训练模型库，只需要一行代码就可以完成调用。

（5）拥有计算机视觉、增强学习等领域的大量工具和库。

2.2 基于 JupyterLab 环境编程

机器学习开发环境安装成功后，就可以在 JupyterLab 环境中编写程序了。下面以一个简单的机器学习任务为例，描述在 JupyterLab 环境中编程的过程。

2.2　基于 JupyterLab
环境编程

2.2.1　进入 JupyterLab 环境

步骤 1：转换到机器学习开发环境（如 JupyterLab 环境）如图 2-37 所示。

■ Anaconda Prompt

```
(base) C:\Users\lenovo>conda activate jupyterlab
```

图 2-37　转换到机器学习开发环境

运行结果如图 2-38 所示。

■ Anaconda Prompt

```
(jupyterlab) C:\Users\lenovo>
```

图 2-38　运行结果 1

步骤 2：切换到工作目录，如图 2-39 所示。

■ Anaconda Prompt

```
(jupyterlab) C:\Users\lenovo>cd E:\work\course\Jupyter机器学习案例教程\jupyter
(jupyterlab) C:\Users\lenovo>e:
```

图 2-39　切换到工作目录

运行结果如图 2-40 所示。

■ Anaconda Prompt

```
(jupyterlab) E:\work\course\Jupyter机器学习案例教程\jupyter>
```

图 2-40　运行结果 2

步骤 3：启动 JupyterLab，如图 2-41 所示。

图 2-41　启动 JupyterLab

自动打开默认浏览器并进入网页，如图 2-42 所示。

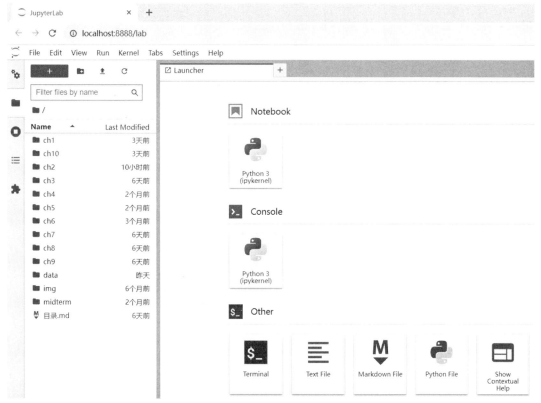

图 2-42　自动打开默认浏览器并进入网页

2.2.2　编写程序

步骤 1：单击"Python 3(ipykernel)"图标，新建一个 Notebook，如图 2-43 所示。
步骤 2：定义 Markdown，如图 2-44 所示。
Markdown 的作用类似于 Python 文件中的注释，用于解释代码的作用。新建单元的默认类型是"Code"，需要手动选择单元类型"Markdown"，如图 2-45 所示。
步骤 3：第 1 次定义 Code。

```
import pandas as pd
from sklearn import neighbors
```

步骤 4：第 1 次定义 Markdown。

从文件读数据到DataFrame对象

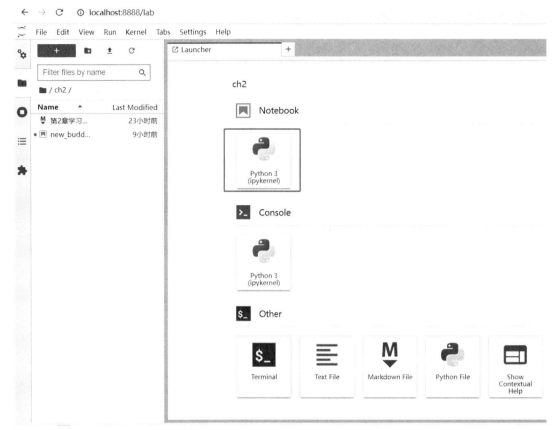

图 2-43　单击"Python 3(ipykernel)"图标

依赖库导入

图 2-44　定义 Markdown

图 2-45　手动选择单元类型

步骤 5：第 2 次定义 Code。

```
url = "../data/film_stats.csv"
data = pd.read_csv(url, header=0)
```

步骤 6：第 2 次定义 Markdown。

查看前5条记录

步骤 7：第 3 次定义 Code。

```
data.head()
```

运行结果如下：

	fight	kiss	label
0	3	104	0
1	2	100	0
2	1	81	0
3	101	10	1
4	99	5	1

步骤 8：第 3 次定义 Markdown。

转换特征X和标签y

步骤 9：第 4 次定义 Code。

```
X = data.iloc[:, 0:2].values
y = data.iloc[:, -1].values
```

步骤 10：第 4 次定义 Markdown。

创建K-最近邻模型

步骤 11：第 5 次定义 Code。

```
clf = neighbors.KNeighborsClassifier(3)
```

步骤 12：第 5 次定义 Markdown。

训练模型

步骤 13：第 6 次定义 Code。

```
clf = clf.fit(X, y)
```

步骤 14：第 6 次定义 Markdown。

预测新数据的标签

步骤 15：第 7 次定义 Code。

```
clf.predict([[18, 20]])
```

2.2.3　保存及运行程序

步骤 1：单击"Save"按钮，输入文件名称，单击"Rename"按钮进行重命名，如图 2-46 所示。

步骤 2：依次选择"Run"→"Run All Cells"选项，最后一个 Code 单元输出样本 [18, 20]的预测结果如下：

```
clf.predict([[18, 20]])

array([0], dtype=int64)
```

图 2-46　重命名

　　样本[18, 20]的预测标签为 0。注意，输入的是一个二维矩阵，每行元素对应一个样本，列代表样本的特征。输出的是一个列表，元素的顺序对应行的顺序。

2.3　JupyterLab 程序调试

　　程序调试是程序员的主要工作之一，包括找到出错的位置和原因，例如，将下述代码中的索引"-1"错误地写成"1"。

```
X = data.iloc[:, 0:2].values          应该是-1
y = data.iloc[:, 1].values
```

那么最后一个 Code 单元的运行结果如下：

$$array([2], dtype=int64)$$

　　输出的预测标签既不是 0，也不是 1，且不在预测标签的取值范围内。在 JupyterLab 环境中遇到错误时，可用两种方法找到错误发生的位置及原因：打印变量值、JupyterLab Debugger 调试。

2.3.1　打印变量值

　　找到相关变量的索引，输出变量值，比如，输出变量 y 的值，代码及运行结果如下。

代码：

```
X = data.iloc[:, 0:2].values
y = data.iloc[:, 1].values
y
```

运行结果如下：

```
array([104, 100,  81,  10,   5,   2], dtype=int64)
```

从运行结果看出，变量 y 的值不合法。

在修改索引后，输出合法的预测结果。

```
array([0, 0, 0, 1, 1, 1], dtype=int64)
```

2.3.2　JupyterLab Debugger 调试

JupyterLab Debugger 通过可视化方式进行调试，在设置断点后查看当前状态下的变量信息。

步骤 1：打开 Debugger 开关，如图 2-47 所示。

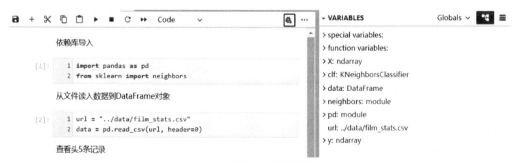

图 2-47　打开 Debugger 开关

在 Debugger 开关打开后，可以通过右侧导航栏的变量列表查看变量值，如图 2-48 所示。

图 2-48　查看变量值

步骤 2：在相关变量的引用位置的周围设置断点，比如，在第 5 个 Code 单元前设置断点，如图 2-49 所示。

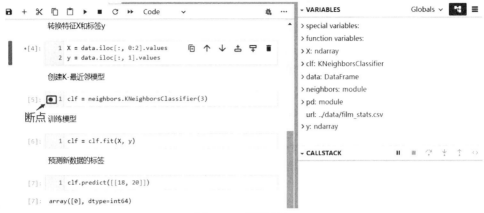

图 2-49　设置断点

需要注意的是，断点只能设置在 Code 单元周围，不能设置在 Markdown 单元周围。

步骤 3：依次选择"Run"→"Run All Cells"选项，程序运行到断点处暂停，如图 2-50 所示。

图 2-50　程序运行到断点处暂停

步骤 4：在"VARIABLES"视图选中变量 y，单击鼠标右键，选择"Render Variable"选项，显示变量 y 的值，如图 2-51 所示。

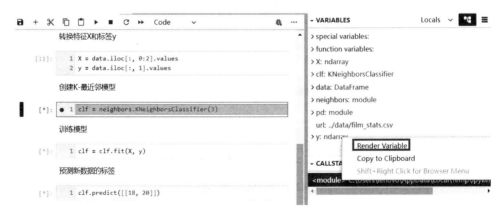

图 2-51　显示变量 y 的值

输出结果如图 2-52 所示。

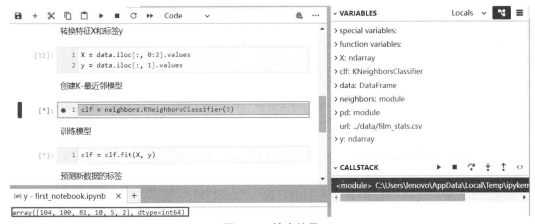

图 2-52　输出结果

从变量 y 的值可以看出错误原因是索引不正确，单击"停止"按钮，结束程序运行，如图 2-53 所示。

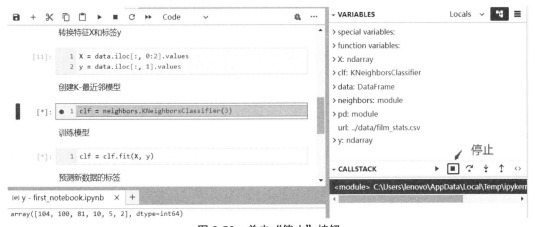

图 2-53　单击"停止"按钮

步骤 5：纠正错误，删除断点，如图 2-54 所示。

图 2-54　删除断点

步骤 6：重新依次选择"Run"→"Run All Cells"选项，最后一个 Code 单元输出的正确预测结果如下：

```
1  clf.predict([[18, 20]])
```

array([0], dtype=int64)

2.4　Markdown 目录制作

Markdown 是一种可以使用普通文本编辑器编写的标记语言，通过简单的标记语法，使普通文本具有一定的格式。它由 John Gruber 于 2004 年创建，如今已成为世界上最受欢迎的标记语言之一。

Markdown 支持标题、段落、列表、区块、代码、链接、图像、表格等标记，目标是成为一种适用于网络的书写语言。JupyterLab 支持 Markdown 文件，Markdown 文件的后缀为.md。下面以 Markdown 目录制作为例进行介绍。

步骤 1：单击"Markdown File"图标，新建一个 Markdown 文件，如图 2-55 所示。

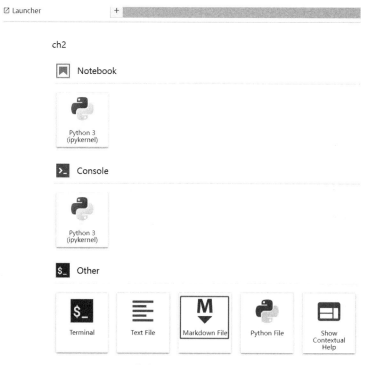

图 2-55　单击"Markdown File"图标

步骤 2：编辑 Markdown 文件，如图 2-56 所示。

每行插入 1～3 个#，对应标题 1～3。

步骤 3：选择"Show Markdown Preview"选项，浏览 Markdown 文件的输出格式，如图 2-57 所示。

在源代码窗口的右侧出现如图 2-58 所示的浏览窗口。

图 2-56　编辑 Markdown 文件

图 2-57　选择"Show Markdown Preview"选项

图 2-58　浏览窗口

从浏览窗口可以看出 Markdown 文件的输出类似于 HTML 页面。

小　结

（1）在 Conda 环境中使用 pip 工具安装 JupyterLab。

（2）将 Jupyter 注释（Markdown）、代码、运行结果在一个窗口中显示。

（3）JupyterLab 程序调试可以通过打印变量值实现，也可以使用自己的 Debugger 实现。

（4）md 格式的文件支持 Markdown 语法，输出类似于 HTML 页面。

习　题

一、选择题

1. Anaconda 是一个开源的 Python 发行版本，包含了 180 多个科学包及其依赖项，不包含（　　）。

A. Conda   B. Python   C. NumPy   D. sklearn

2. JupyterLab 是（　　）的拓展，提供了更好的用户体验。

A. Lab   B. Jupyter   C. Python   D. NumPy

3. 下面说法中正确的是（　　）。

A. Jupyter 代码和运行结果显示在不同区域

B. Jupyter 代码和运行结果显示在相同区域

C. JupyterLab Debugger 可以将断点设置在任何位置

D. md 格式的文件和 Word 文件都是所见即所得的

4. 使用 JupyterLab 编写的 Markdown 文件的后缀为（　　）。

A. .doc   B. .markdown   C. .md   D. .docx

5. JupyterLab 不支持（　　）。

A. 编写 Notebook   B. 操作终端

C. 编辑 Markdown 文件   D. 处理 Word 文件

二、填空题

1. PyTorch 是一种用于构建（　　）模型的功能完备的框架，也是一种常用于图像识别和语言处理的机器学习库。

2. JupyterLab Debugger 通过（　　）方式调试代码，可以设置断点、查看变量信息等。

3. Markdown 支持（　　）、段落、列表、区块、代码、链接、图像、表格等标记。

三、操作题

在个人计算机上安装机器学习开发环境，复现 2.2 节的程序。

模块 3　基于 K-最近邻的分类预测

　　K-最近邻（K-Nearest Neighbor，KNN）依据待测样本及其所在的特征空间的样本距离，计算距离待测样本最近的 k 个样本，以此判定待测样本属于的类。K-最近邻的原理简单、理论成熟，是应用最广泛的机器学习算法之一。本模块基于 3 个机器学习任务，使用 K-最近邻从数据中建立模型并使用模型推测未知标签，从而在具体任务中掌握 K-最近邻的使用方法。在任务实施过程中，介绍了 K-最近邻的算法思想、数据标准化等知识，以此加深理解任务实施过程中涉及的类和方法。

技 能 要 求

　　（1）掌握从 CSV 文件读取 DataFrame 的方法。
　　（2）能够使用 describe 方法查看特征统计值。
　　（3）能够使用箱型图可视化特征的数据分布。
　　（4）能够通过 StandardScaler 类使特征服从正态分布。
　　（5）能够使用 train_test_split 方法切分数据集。
　　（6）掌握 DataFrame 分组统计。
　　（7）能够训练 KNN 模型。
　　（8）能够保存模型到硬盘中和加载模型到内存中。
　　（9）能够使用 KNN 模型预测待标注的标签。
　　（10）了解 random_state 参数的用途。

学 习 导 览

　　本模块的学习导览图如图 3-1 所示。

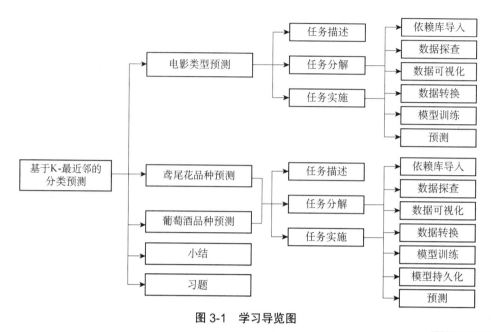

图 3-1　学习导览图

3.1　电影类型预测

3.1.1　任务描述

3.1　电影类型预测

数据集 film.csv 记录了 6 部电影的电影名称、肢体冲突镜头、拥抱镜头，以及电影类型，详细的字段描述见表 3-1。

表 3-1　数据集 film.csv 详细的字段描述

字段	类型	是否允许为空	是否有标签	例子
电影名称	string	否	否	California Man
肢体冲突镜头	int	否	否	18
拥抱镜头	int	否	否	90
影片类型	int	否	是	{1:爱情片，0:动作片}

（注：这里将特征和标签统一归为字段，其中特征有多种子类特征，标签可通过判断字段是否有标签来确定。下同）

任务目标：有一部未看过的电影，它有肢体冲突镜头 18 个、拥抱镜头 90 个，预测该电影是爱情片还是动作片。

3.1.2　任务分解

从数据探查开始，经过分析数据分布，使用 KNN 模型找到标签和特征之间的关系，即可利用 KNN 模型预测未看过的电影的类型。本任务可分解成 6 个子任务：依赖库导入；数据探查；数据可视化；数据转换；模型训练；预测。

1. 子任务 1：依赖库导入

此任务依赖的第三方库有 Pandas、Matplotlib、sklearn 等，可通过 import 命令导入依赖的第三方库。

2．子任务 2：数据探查

先使用 Pandas 把 film.csv 读入 DataFrame 对象，然后检查数据分布、特征和标签类型、空值、重复行、标签和特征关系等。

3．子任务 3：数据可视化

使用 Matplotlib 以图表形式可视化特征的空间分布，以及待测样本和训练数据的空间关系。

4．子任务 4：数据转换

将 Pandas 类型转换为 sklearn 能处理的 NumPy 类型。

5．子任务 5：模型训练

先构建 KNN 模型，然后在已知样本上训练 KNN 模型。

6．子任务 6：预测

使用训练好的 KNN 模型预测电影的类型。

3.1.3　任务实施

根据上面分解的子任务可知，程序有 6 个 2 级标题，分别对应 6 个子任务。

1．依赖库导入

在使用 Python 编程时，没必要实现所有功能，可以借助 Python 自带的标准库或者其他第三方库。比如，这里会用到 KNeighborsClassifier 类，它位于 sklearn.neighbors 模块中，只需要将此模块导入程序中，就可以调用此类。

步骤 1：定义 2 级标题。

```
## <font color="black">依赖库导入</font>
```

运行结果如下：

依赖库导入

步骤 2：依赖库导入。

```
import pandas as pd
import matplotlib.pyplot as plt
import matplotlib as mpl
from sklearn.neighbors import KNeighborsClassifier
```

2．数据探查

在将数据集读入 DataFrame 对象后，需要观察不同标签的数据特征。

步骤 1：定义 2 级标题。

```
## <font color="black">数据探查</font>
```

运行结果如下：

数据探查

步骤 2：将列名和数据对齐。

```python
pd.set_option('display.unicode.ambiguous_as_wide', True)
pd.set_option('display.unicode.east_asian_width', True)
```

步骤 3：将数据集读入 DataFrame 对象。

```python
url = "../data/film.csv"
df = pd.read_csv(url, names=["电影名称", "电影类型", "肢体冲突镜头", "拥抱镜头"])
```

> **⋯➤ 知识专栏　　　　　逗号分隔值（CSV）文件格式**
>
> 　　逗号分隔值（Comma-Separated Values，CSV，也称字符分隔值）文件以纯文本形式存储表格数据（数字和文本）。CSV 文件由任意数目的记录组成，记录间以某种换行符分隔，每条记录都由特征组成，特征间的分隔符是其他字符或字符串，最常见的是逗号或制表符。建议使用 Excel 或 Notepad++ 打开和保存 CSV 文件。

步骤 4：显示爱情片数据。

```python
print("爱情片数据：\n",df[df["电影类型"] == 1])
```

运行结果如下：

```
爱情片数据：
                  电影名称   电影类型   肢体冲突镜头   拥抱镜头
0            California Man       1          3       104
1   He's Not Really into Dudes   1          2       100
2           Beautiful Woman       1          1        81
```

步骤 5：显示动作片数据。

```python
print("动作片数据：\n",df[df["电影类型"] == 0])
```

运行结果如下：

```
动作片数据：
              电影名称   电影类型   肢体冲突镜头   拥抱镜头
3      Kevin Longblade      0        101        10
4    Robo Slayer 3000       0         99         5
5           Amped II       0         98         2
```

3. 数据可视化

在数据可视化过程中，"电影名称"的内容是文本，无法映射枚举类型的数据，因而不需要观察，只需要观察"肢体冲突镜头""拥抱镜头"这两个特征与标签"电影类型"的关系。图表能够更加直观地表现特征的数据分布，这里使用 Matplotlib 绘制图表。

步骤 1：定义 2 级标题。

```
## <font color="black">数据可视化</font>
```

运行结果如下：

数据可视化

步骤 2：使 Matplotlib 支持中文字符。

```
mpl.rcParams['font.sans-serif'] = ['SimHei']
mpl.rcParams['axes.unicode_minus'] = False
```

步骤 3：图形化训练数据和待测样本的空间分布。

```
testdata = [18,90]  #待测样本
plt.figure(figsize=(4,4), dpi=80)
plt.scatter(df['肢体冲突镜头'][0:3],df['拥抱镜头'][0:3],marker='o',
            color='g', s=70,label='爱情片')
plt.scatter(df['肢体冲突镜头'][3:6],df['拥抱镜头'][3:6], marker='o',
            color='w',edgecolors='g',s=70,label='动作片')
plt.scatter(testdata[:1],testdata[1:], marker='.',
            color='b', s=120,label='未知样本')
plt.text(testdata[:1][0]+8,testdata[1:][0]+3,"k=3")
plt.arrow(testdata[:1][0]+1,testdata[1:][0]+1,14,14,width=0.1,
          fc="b", head_width=1.5)
draw_circle = plt.Circle((testdata[:1], testdata[1:]), 24,
                         fill=False, color='g')
plt.gcf().gca().add_artist(draw_circle)
plt.xlabel('肢体冲突镜头')
plt.ylabel('拥抱镜头')
plt.legend(loc=1)
plt.xlim(-20, 120)
plt.ylim(-20, 120)
```

运行结果如下：

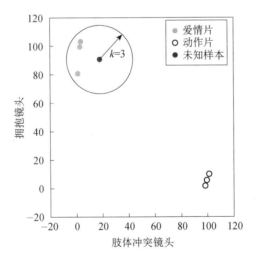

从运行结果可以看出，根据最邻近的 3 个标签判断未知样本的标签，可以预测未知样本的电影类型是爱情片，这就是 K-最近邻的核心思想的体现。

> **知识专栏**　　　　　　　　　　**K-最近邻**

K-最近邻的核心思想如下：假设一个特征空间中的大多数样本都属于某一个类别，则在这个特征空间中，k 个最相似的样本也属于这个类别。该算法可用于待测样本所属的类别判定或简单回归模型的计算，其核心关注点为待测样本个数（k）与距离计算模型的确定。sklearn 库的 KneighborsClassifier 类实现了 KNN 模型，定义如下：

```
class sklearn.neighbors.KNeighborsClassifier(n_neighbors=5, **kargs)
```

部分参数说明如下：

n_neighbors：int，默认值为 5，表示 KNN 模型用到的待测样本个数。

> K-最近邻简单、易理解，是机器学习初学者理想的入门级算法。要特别注意的是，参数 n_neighbors 会对分类性能有较大影响，因此往往需要多次实验才能找到最优值或次优值。

4. 数据转换

步骤 1：定义 2 级标题。

```
## <font color="black">数据转换</font>
```

运行结果如下：

数据转换

步骤 2：将特征和标签转换为 NumPy 类型。

```
X = df[["肢体冲突镜头", "拥抱镜头"]].values
y = df["电影类型"].values
```

5. 模型训练

在构建 KNN 模型后，使用特征 X（肢体冲突镜头、拥抱镜头）和标签 y（电影类型）进行训练。

步骤 1：定义 2 级标题。

```
## <font color="black">模型训练</font>
```

运行结果如下：

模型训练

步骤 2：构建 KNN 模型。

```
knn_model = KNeighborsClassifier(n_neighbors=3)
```

步骤 3：训练 KNN 模型。

```
knn_model.fit(X, y)
```

6. 预测

基于训练好的 KNN 模型，使用如下样本预测电影类型。

肢体冲突镜头=18，拥抱镜头=90

步骤 1：定义 2 级标题。

```
## <font color="black">预测</font>
```

运行结果如下：

预测

步骤 2：定义与索引对应的标签列表。

```
label_names = ["动作片", "爱情片"]
```

步骤 3：预测未知样本的标签的索引。

```
y_pred = knn_model.predict([testdata])
```

步骤 4：打印标签。

```
label_names[y_pred[0]]
```

运行结果如下：

```
'爱情片'
```

3.2　鸢尾花品种预测

3.2.1　任务描述

3.2　鸢尾花品种预测

数据集 iris.csv 源于 UCI 机器学习库（UC Irvine Machine Learning Repository），该数据集由 3 种不同品种的鸢尾花（含 50 个样本）构成，其中的 1 种品种与另外 2 种品种是线性可分的，而另外 2 种品种是非线性可分的。每行数据包含 4 个特征：花萼长度（Sepal.Length）、花萼宽度（Sepal.Width）、花瓣长度（Petal.Length）和花瓣宽度（Petal. Width），单位是厘米。3 种品种分别为：山鸢尾（Iris-Setosa）、杂色鸢尾（Iris-Versicolour）和弗吉尼亚鸢尾（Iris-Virginica）。该数据集详细的字段描述见表 3-2。

表 3-2　数据集 iris.csv 详细的字段描述

字段	类型	是否允许为空	是否有标签	例子
花萼长度	float	否	否	5.2
花萼宽度	float	否	否	2.6
花瓣长度	float	否	否	3.8
花瓣宽度	float	否	否	1.3
鸢尾花品种	int	否	是	{0:Iris-Setosa，1:Iris-Versicolor，2:Iris-Virginica}

（注：该数据集的第一行不是列标题，也不是样本，在读入时跳过）

任务目标：

（1）构建 KNN 模型并评估其精度。

（2）根据如下样本预测鸢尾花的品种。

花萼长度=5.2，花萼宽度=2.6，花瓣长度=3.8，花瓣宽度=1.3

3.2.2　任务分解

在观察数据集后，先按照 4:1 的比例将数据集切分为训练集和验证集，然后将训练好的 KNN 模型保存到硬盘中，使用 KNN 模型预测未知样本的标签。本任务可分解成 7 个子任务：依赖库导入；数据探查；数据可视化；数据转换；模型训练；模型持久化；预测。

1. 子任务 1：依赖库导入

本任务依赖的第三方库有 Pandas、Matplotlib、sklearn 等，可通过 import 命令导入。

2. 子任务 2：数据探查

先使用 Pandas 把 iris.csv 读入 DataFrame 对象，然后检查标签和特征类型、空值、重复行、标签和特征关系等。

3. 子任务 3：数据可视化

使用 Matplotlib 以箱型图可视化特征的空间分布。

4. 子任务 4：数据转换

将 Pandas 类型转换为 sklearn 能处理的 NumPy 类型，使特征服从 $N(0,1)$ 正态分布。

5. 子任务 5：模型训练

先构建 KNN 模型，然后在训练集上训练 KNN 模型，并在验证集上评估 KNN 模型的精度。

6. 子任务 6：模型持久化

将 KNN 模型保存到硬盘以待将来使用。

7. 子任务 7：预测

使用训练好的 KNN 模型预测如下鸢尾花样本的品种。

花萼长度=5.2，花萼宽度=2.6，花瓣长度=3.8，花瓣宽度=1.3

3.2.3　任务实施

根据上面分解的子任务可知，程序有 7 个 2 级标题，分别对应 7 个子任务。

1. 依赖库导入

步骤 1：定义 2 级标题。

```
## <font color="black">依赖库导入</font>
```

运行结果如下：

依赖库导入

>>> **知识专栏**　　　　**典型问题：1 级标题字体不对**

"#" 后没有空格是错误的，正确的写法是在 "#" 后加上空格。

步骤 2：依赖库导入。

```python
import pandas as pd
import matplotlib.pyplot as plt
import matplotlib as mpl
from sklearn import neighbors
from sklearn import model_selection
from sklearn import preprocessing
import joblib
import numpy as np
```

2. 数据探查

步骤 1：定义 2 级标题。

<font color="black">数据探查</font>

运行结果如下：

数据探查

步骤 2：将数据集读入 DataFrame 对象。

```
names = ['花萼长度', '花萼宽度', '花瓣长度', '花瓣宽度', '鸢尾花品种']
dataset = pd.read_csv("../data/iris.csv", names=names, skiprows=1)
```

步骤 3：查看特征统计值。

```
dataset.iloc[:, 0:4].describe()
```

运行结果如下：

	花萼长度	花萼宽度	花瓣长度	花瓣宽度
count	150.000000	150.000000	150.000000	150.000000
mean	5.843333	3.054000	3.758667	1.198667
std	0.828066	0.433594	1.764420	0.763161
min	4.300000	2.000000	1.000000	0.100000
25%	5.100000	2.800000	1.600000	0.300000
50%	5.800000	3.000000	4.350000	1.300000
75%	6.400000	3.300000	5.100000	1.800000
max	7.900000	4.400000	6.900000	2.500000

> ···▶ **知识专栏**　　　　　　**DataFrame.describe()统计值**
>
> - count：非空样本数量。
> - mean：平均值。
> - std：标准差。
> - min：最小值。
> - 25%、50%、75%：表示将特征值从小到大排列后，处于 25%、50%、75%分位数位置的数值，分别对应下四分位数、中位数、上四分位数。
> - max：最大值。

3. 数据可视化

步骤 1：定义 2 级标题。

<font color="black">数据可视化</font>

运行结果如下：

数据可视化

步骤 2：使 Matplotlib 支持中文字符。

```
mpl.rcParams['font.sans-serif'] = ['SimHei']
mpl.rcParams['axes.unicode_minus'] = False
```

步骤 3：用箱型图显示特征的空间分布。

```
dataset.iloc[:,0:4].plot(kind='box', subplots=True, layout=(4, 4),
                         sharex=False, sharey=False)
```

运行结果如下：

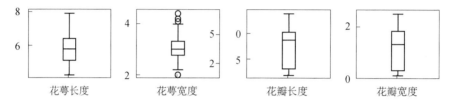

从运行结果可进一步看出，4 个特征有不同的中位数，它们的方差也不相同，需要通过数据转换将特征映射到相同数据分布上。

> **知识专栏**   **箱型图**
>
> 箱型图是一种基于五位数摘要 [最小值（LW）、下四分位数（Q1）、中位数（Q2）、上四分位数（Q3）和最大值（UW）] 显示数据分布的标准化方法。例如，有列表 (1, 3, 5, 6, 10, 19)，图 3-2 是描述其数据分布的箱型图。注意：箱型图用 LW、UW 分别表示下触须之外的最小值、上触须之外的最大值，此处为简写。
>
>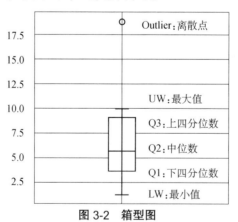
>
> 图 3-2   箱型图
>
> 箱型图主要要素如下：
>
> LW（最小值）：大于（Q1-1.5×IQR）的最小值。
>
> Q1（下四分位数）：特征值从小到大排列后，处于 25% 分位数位置的特征值。
>
> Q2（中位数）：列表中的中间值。
>
> Q3（上四分位数）：特征值从小到大排列后，处于 75% 分位数位置的特征值。
>
> UW（最大值）：小于（Q3+1.5×IQR）的最大值。

> Outlier（离散点）：小于（Q1−1.5×IQR）或大于（Q3+1.5×IQR）的特征值。
>
> IQR（四分位间距）：Q3−Q1。
>
> min：列表中的最小特征值。
>
> 箱型图能够明确地展示离散点的信息，也能够让我们了解数据是否对称、数据如何分组、数据的峰度等信息，为数据预处理提供依据。

4. 数据转换

步骤 1：定义 2 级标题。

```
## <font color="black">数据转换</font>
```

运行结果如下：

数据转换

步骤 2：从 DataFrame 对象中抽取特征和标签。

```
X = dataset.iloc[:,0:4].values
y = dataset.iloc[:,4].values
```

步骤 3：缩放特征，服从 $N(0, 1)$ 正态分布。

```
scaler = preprocessing.StandardScaler()
norm_X = scaler.fit_transform(X)
norm_X[0:5,...]
```

运行结果如下：

```
array([[ 0.67450115, -0.58776353,  1.04708716,  1.31648267],
       [-1.02184904, -1.74477836, -0.26082403, -0.26119297],
       [-1.14301691, -1.28197243,  0.42156442,  0.65911782],
       [-1.14301691,  0.10644536, -1.2844067 , -1.4444497 ],
       [-0.17367395,  1.72626612, -1.17067529, -1.18150376]])
```

从转换后的运行结果来看，每个特征都已经服从 $N(0, 1)$ 正态分布。

⫸ 知识专栏　　　　　　　　　StandardScaler 类

K-最近邻需要计算样本之间的距离。如果一个特征的值域非常大，那么样本间的距离就取决于这个特征，这会致使结论与实际情况相悖。StandardScaler 类具有归一化功能，可解决上述问题，其定义如下：

```
class sklearn.preprocessing.StandardScaler(copy,**kargs)
```

部分参数说明如下：

copy：bool 类型，默认值为 True，如果值是 False，则直接缩放特征。

假设特征平均值为 μ，标准差为 σ，x 经过 StandardScaler 类转换后的值为 x'，则转换公式为

$$x' = \frac{x - \mu}{\sigma}$$

步骤 4：切分训练集和验证集。

```
X_train, X_val, y_train, y_val = model_selection.train_test_split(norm_X, y,
                                                random_state=4, test_size=0.2)
f'训练集样本个数：{len(X_train)}', f'验证集样本个数：{len(X_val)}'
```

运行结果如下：

('训练集样本个数：120', '验证集样本个数：30')

---> **知识专栏**　　　**训练集、验证集、测试集、超参数**

为了创建机器学习模型（简称模型）并知道模型性能，将数据集切分为三个部分：训练集、验证集、测试集。另外介绍一个参数：超参数。

① 训练集（Train Set）：用于训练模型。

② 验证集（Validation Set）：用于验证模型性能以调整超参数。

③ 测试集（Test Set）：用于验证模型在未标注数据上的性能。

④ 超参数（Hyperparameter）：指根据经验进行设定的参数，如 KneighborsClassifier 类中的 n_neighbors 参数。

---> **知识专栏**　　　**train_test_split() 函数为什么要设置 random_state 参数**

random_state 参数是一个随机数种子，随机数种子控制每次切分训练集和验证集的模式。在取值不变时，切分得到的结果一模一样；在取值改变时，切分得到的结果不同。若不设置此参数，则函数会自动选择一种随机模式，每次切分得到的结果就会不同。

5. 模型训练

步骤 1：定义 2 级标题。

```
## <font color="black">模型训练</font>
```

运行结果如下：

模型训练

步骤 2：创建 KNN 模型。

```
knn_model = neighbors.KNeighborsClassifier(n_neighbors=3)
```

步骤 3：训练 KNN 模型。

```
knn_model.fit(X_train, y_train)
```

步骤 4：在验证集上评估 KNN 模型。

```
acc = knn_model.score(X_val, y_val)
f"评估KNN模型准确率：{acc:0.4f}"
```

运行结果如下：

'评估KNN模型准确率：0.9667'

6. 模型持久化

许多大型模型往往需要花费大量时间训练，因此在每次使用前都重新训练并不现实。在实际应用中，经常把训练好的模型保存到硬盘中，在使用时再加载到内存中。

步骤 1：定义 2 级标题。

<font color="black">模型持久化</font>

运行结果如下：

模型持久化

步骤 2：将模型保存到硬盘中。

```
joblib.dump(scaler, 'iris_scaler.pkl')
joblib.dump(knn_model, 'iris_knn.pkl')
```

检查当前目录，可以发现多了 2 个文件：iris_scaler.pkl 文件，包含特征的统计值；iris_knn.pkl 文件，保存了模型的结构和参数。

步骤 3：从硬盘加载模型到内存中。

```
scaler = joblib.load('iris_scaler.pkl')
knn_model = joblib.load('iris_knn.pkl')
```

这个步骤不是必需的，这里只是为了演示将持久化模型加载到内存中的过程。

7. 预测

步骤 1：定义 2 级标题。

<font color="black">预测</font>

运行结果如下：

预测

步骤 2：按照索引值定义标签列表。

```
label_names = ["iris-setosa", "iris-versicolour", "iris-virginica"]
```

步骤 3：构建测试数据。

```
test_data = np.array([[5.2,2.6,3.8,1.3]])
```

步骤 4：转换测试数据。

```
norm_test_data = scaler.transform(test_data)
```

步骤 5：使用 KNN 模型进行预测。

```
y_pred = knn_model.predict(norm_test_data)[0]
```

步骤 6：打印预测的鸢尾花品种。

```
label_names[y_pred]
```

运行结果如下：

```
'iris-versicolour'
```

3.3   葡萄酒品种预测

3.3.1   任务描述

3.3   葡萄酒品种预测

数据集 wine.data 来自 UCI 机器学习库，共有 178 行、14 列数据。第 1 列数据是品种标签，用标签 1、2、3 表示三种不同品种，其中第 1～59 行数据属于第一种品种，标签为 1；第 60～130 行数据属于第二种品种，标签为 2；第 131～178 行数据属于第三种品种，标签为 3。第 2～14 列数据是 13 个特征（13 种成分）的含量信息。该数据集详细的字段描述见表 3-3。

表 3-3   数据集 wine.data 详细的字段描述

字段	类型	是否允许为空	是否有标签	例子
target（品种标签）	int	否	是	[1, 2, 3]
alcohol（酒精）	float	否	否	12.37
malic_acid（苹果酸）	float	否	否	1.63
ash（灰分）	float	否	否	2.3
alcalinity_of_ash（灰分的碱性）	float	否	否	24.5
magnesium（镁）	int	否	否	88
total_phenols（苯酚总量）	float	否	否	2.22
flavanoids（黄酮类物质）	float	否	否	2.45
nonflavanoid_phenols（非黄酮类酚）	float	否	否	0.4
proanthocyanins（原花青素）	float	否	否	1.9
color_intensity（颜色强度）	float	否	否	2.12
hue（色度）	float	否	否	0.89
od280/od315_of_diluted_wines（稀释酒的蛋白质浓度的光谱度）	float	否	否	2.78
proline（脯氨酸）	int	否	否	342

任务目标：

（1）构建 KNN 模型并评估其精度。

（2）预测如下葡萄酒样本的品种。

```
alcohol=13.17,malic_acid=2.58,ash=2.37,alcalinity_of_ash=20,magnesium=120,total_
phenols=1.63,flavanoids=0.67,nonflavanoid_phenols=0.53,proanthocyanins=1.46,color_
intensity=9.3,hue=0.6,od280/od315_of_diluted_wines=1.62,proline=840
```

3.3.2　任务分解

在观察数据集后，先按照 4:1 的比例将数据集切分为训练集和验证集，然后将训练好的 KNN 模型保存到硬盘，使用 KNN 模型预测未知样本的标签。本任务可分解成 7 个子任务：依赖库导入；数据探查；数据可视化；数据转换；模型训练；模型持久化；预测。

1. 子任务 1：依赖库导入

本任务依赖的第三方库有 Pandas、Matplotlib、sklearn 等，可通过 import 命令导入。

2. 子任务 2：数据探查

先使用 Pandas 把 wine.data 读入 DataFrame 对象，然后检查特征和标签类型、空值、重复行、标签和特征关系等。

3. 子任务 3：数据可视化

通过 Matplotlib 用箱型图可视化特征的空间分布。

4. 子任务 4：数据转换

将 Pandas 类型转换为 sklearn 能处理的 NumPy 类型，使特征服从 $N(0,1)$ 正态分布。

5. 子任务 5：模型训练

先构建 KNN 模型，然后在训练集上训练 KNN 模型，并在验证集上评估 KNN 模型的精度。

6. 子任务 6：模型持久化

将 KNN 模型保存到硬盘以待未来使用。

7. 子任务 7：预测

使用训练好的 KNN 模型预测如下葡萄酒样本的品种。

```
alcohol=13.17, malic_acid=2.58, ash=2.37, alcalinity_ of_ash=20, magnesium=120,
total_phenols=1.63, flavanoids=0.67, nonflavanoid_phenols= 0.53, proanthocyanins=
1.46, color_intensity=9.3, hue=0.6, od280/od315_of_diluted_wines=1.62, proline=840
```

3.3.3　任务实施

根据上面分解的子任务可知，程序有 7 个 2 级标题，分别对应 7 个子任务。

1. 依赖库导入

步骤 1：定义 2 级标题。

```
## <font color="black">依赖库导入</font>
```

运行结果如下：

依赖库导入

步骤 2：导入依赖库。

```python
import pandas as pd
import matplotlib.pyplot as plt
import matplotlib as mpl
from sklearn import neighbors
from sklearn import model_selection
from sklearn import preprocessing
import joblib
import numpy as np
```

2. 数据探查

步骤 1：定义 2 级标题。

```
## <font color="black">数据探查</font>
```

运行结果如下：

数据探查

步骤 2：将数据集读入 DataFrame 对象。

```python
dataset = pd.read_csv("../data/wine.data")
```

步骤 3：查看不同品种的样本数。

```python
f"1类酒的样本数：{len(dataset[dataset.iloc[:, 0]==1])},\
2类酒的样本数：{len(dataset[dataset.iloc[:, 0]==2])},\
3类酒的样本数：{len(dataset[dataset.iloc[:, 0]==3])}"
```

运行结果如下：

'1类酒的样本数：59，　2类酒的样本数：71，　3类酒的样本数：48'

步骤 4：查看特征统计值。

```python
dataset.iloc[:, 1:14].describe()
```

运行结果（部分）如下：

	alcohol	malic_acid	ash	alcalinity_of_ash	magnesium	total_phenols	flavanoids	nonflavanoid_phenols	proanthocyanins	color_intensity
count	178.000000	178.000000	178.000000	178.000000	178.000000	178.000000	178.000000	178.000000	178.000000	178.000000
mean	13.000618	2.336348	2.366517	19.494944	99.741573	2.295112	2.029270	0.361854	1.590899	5.058090
std	0.811827	1.117146	0.274344	3.339564	14.282484	0.625851	0.998859	0.124453	0.572359	2.318286
min	11.030000	0.740000	1.360000	10.600000	70.000000	0.980000	0.340000	0.130000	0.410000	1.280000
25%	12.362500	1.602500	2.210000	17.200000	88.000000	1.742500	1.205000	0.270000	1.250000	3.220000
50%	13.050000	1.865000	2.360000	19.500000	98.000000	2.355000	2.135000	0.340000	1.555000	4.690000
75%	13.677500	3.082500	2.557500	21.500000	107.000000	2.800000	2.875000	0.437500	1.950000	6.200000
max	14.830000	5.800000	3.230000	30.000000	162.000000	3.880000	5.080000	0.660000	3.580000	13.000000

从特征统计值可以看出，"alcohol" "alcalinity_of_ash" "magnesium" 的取值范围与其他特征的取值范围显著不同。

3. 数据可视化

步骤 1：定义 2 级标题。

`## <font color="black">数据可视化</font>`

运行结果如下：

数据可视化

步骤 2：可以使用 DataFrame.plot 一次性显示所有特征的箱型图。

```
boxplot = dataset.iloc[:,1:14].plot(kind='box', subplots=True, layout=(4, 4),
                       sharex=False, sharey=False)
```

运行结果如下：

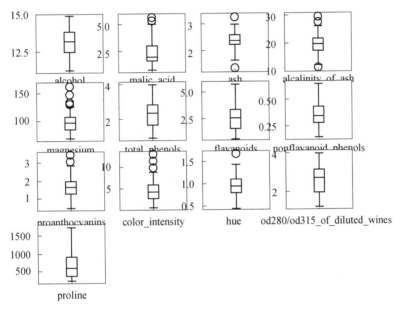

当运行结果中的子图标题被遮挡时，需要手动控制子图窗口，即调用 subplots_adjust() 方法调整子图的水平和垂直间距。

步骤 3：手动添加子图，调用 boxplot() 方法在每个子图窗口中显示特征的箱型图。

```
fig = plt.figure()
fig.subplots_adjust(hspace=0.5, wspace=0.8) # 加大子图水平和垂直间距
for i in range(4):
    for j in range(4):
        col_index = i*4 + j + 1
        if col_index == 14:
            break
        ax = fig.add_subplot(4, 4, col_index)
        att_value = dataset.iloc[:, col_index].values # 数据序列
        att_label = dataset.iloc[:, col_index].name # 列标题
        ax.boxplot(att_value, labels=[att_label])
```

运行结果如下：

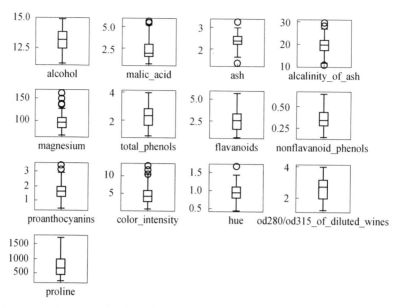

从运行结果可以看出，13 个特征都有不同的中位数，方差也不相同，需要通过数据转换将特征映射到相同的数据分布上。

4. 数据转换

步骤 1：定义 2 级标题。

```
## <font color="black">数据转换</font>
```

运行结果如下：

数据转换

步骤 2：从 DataFrame 对象中抽取特征和标签。

```
X = dataset.iloc[:,1:14].values
Y = dataset.iloc[:,0].values
```

步骤 3：缩放特征，服从 $N(0,1)$ 正态分布。

```
scaler = preprocessing.StandardScaler()
norm_X = scaler.fit_transform(X)
norm_X[0:5,...]
```

运行结果如下：

```
array([[ 1.51861254, -0.5622498 ,  0.23205254, -1.16959318,  1.91390522,
         0.80899739,  1.03481896, -0.65956311,  1.22488398,  0.25171685,
         0.36217728,  1.84791957,  1.01300893],
       [ 0.24628963, -0.49941338, -0.82799632, -2.49084714,  0.01814502,
         0.56864766,  0.73362894, -0.82071924, -0.54472099, -0.29332133,
         0.40605066,  1.1134493 ,  0.96524152],
       [ 0.19687903,  0.02123125,  1.10933436, -0.2687382 ,  0.08835836,
         0.80899739,  1.21553297, -0.49840699,  2.13596773,  0.26901965,
         0.31830389,  0.78858745,  1.39514818],
       [ 1.69154964, -0.34681064,  0.4879264 , -0.80925118,  0.93091845,
         2.49144552,  1.46652465, -0.98187536,  1.03215473,  1.18606801,
        -0.42754369,  1.18407144,  2.33457383],
       [ 0.29570023,  0.22769377,  1.84040254,  0.45194578,  1.28198515,
         0.80899739,  0.66335127,  0.22679555,  0.40140444, -0.31927553,
         0.36217728,  0.44960118, -0.03787401]])
```

从运行结果来看，每个特征都已经服从从 $N(0,1)$ 正态分布。

步骤 4：切分数据集，分成训练集和验证集（验证集的占比为 20%）。

```
X_train, X_val, y_train, y_val = model_selection.train_test_split(norm_X, Y,
                                                random_state=4, test_size=0.2)
print('训练集样本的个数：', len(X_train))
print('验证集样本的个数：', len(X_val))
```

运行结果如下：

```
训练集样本的个数：  142
验证集样本的个数：  36
```

5. 模型训练

步骤 1：定义 2 级标题。

```
## <font color="black">模型训练</font>
```

运行结果如下：

模型训练

步骤 2：创建 KNN 模型。

```
knn_model = neighbors.KNeighborsClassifier(n_neighbors=5)
```

步骤 3：训练 KNN 模型。

```
knn_model.fit(X_train, y_train)
```

步骤 4：在验证集上评估 KNN 模型。

```
acc = knn_model.score(X_val, y_val)
f"评估KNN模型准确率：{acc:0.4f}"
```

运行结果如下：

```
'评估KNN模型准确率：1.0000'
```

6. 模型持久化

步骤 1：定义 2 级标题。

```
## <font color="black">模型持久化</font>
```

运行结果如下：

模型持久化

步骤 2：将 KNN 模型保存到硬盘。

```
joblib.dump(scaler, 'wine_scaler.pkl')
joblib.dump(knn_model, 'wine_knn.pkl')
```

检查当前目录，可以发现多了 2 个文件：wine_scaler.pkl 文件，包含特征统计值；wine_knn.pkl 文件，保存了 KNN 模型的结构和参数。

步骤 3：从硬盘加载模型到内存中。

```
scaler = joblib.load('wine_scaler.pkl')
knn_model = joblib.load('wine_knn.pkl')
```

此步骤不是必需的，这里只是为了演示将持久化模型加载到内存中的过程。

7．预测

步骤 1：定义 2 级标题。

```
## <font color="black">预测</font>
```

运行结果如下：

预测

步骤 2：按照索引值定义标签列表。

```
label_names = ["1类", "2类", "3类"]
```

步骤 3：构建测试数据。

```
test_data = np.array([[13.17,2.58,2.37,20,120,1.63,.67,.53,1.46,9.3,.6,1.62,840]])
```

步骤 4：转换测试数据。

```
norm_test_data = scaler.transform(test_data)
```

步骤 5：使用 KNN 模型进行预测。

```
y_pred = knn_model.predict(norm_test_data)[0]
```

步骤 6：打印预测的葡萄酒品种。

predict() 方法返回的是一个 NumPy 数组，第一个元素是 label_names 的索引值减 1，因而列表的索引是从 0 开始的。

```
label_names[y_pred-1]
```

运行结果如下：

```
'3类'
```

步骤 7：查找和目标关系最密切的 2 个特征。

```
dataset.corr()["target"]
```

运行结果如下：

```
target              1.000000
alcohol            -0.328222
malic_acid          0.437776
ash                -0.049643
alcalinity_of_ash   0.517859
magnesium          -0.209179
total_phenols      -0.719163
```

```
flavanoids              -0.847498
nonflavanoid_phenols     0.489109
proanthocyanins         -0.499130
color_intensity          0.265668
hue                     -0.617369
od280/od315_of_diluted_wines  -0.788230
proline                 -0.633717
Name: target, dtype: float64
```

步骤 8：使 Matplotlib 支持中文字符。

```
mpl.rcParams['font.sans-serif'] = ['SimHei']
mpl.rcParams['axes.unicode_minus'] = False
```

步骤 9：准备 3 类数据的特征。

```
x1 = norm_X[y==1][:, [6, 11]]
x2 = norm_X[y==2][:, [6, 11]]
x3 = norm_X[y==3][:, [6, 11]]
```

步骤 10：可视化特征的空间分布和预测结果。

```
plt.figure(figsize=(4,4), dpi=100)
plt.scatter(x1[:, 0], x1[:, 1],marker='.', color='c', s=20,label='1类')
plt.scatter(x2[:, 0], x2[:, 1],marker='o', color='g', s=20,label='2类')
plt.scatter(x3[:, 0], x3[:, 1],marker='v', color='r', s=20,label='3类')
plt.scatter(norm_test_data[0, 6], norm_test_data[0, 11], marker='*',
            color='b', s=120,label='未知')
plt.xlabel('flavanoids')
plt.ylabel('od280/od315_of_diluted_wines')
plt.legend(loc=1)
plt.xlim(-2, 3)
plt.ylim(-2, 3)
```

运行结果如下：

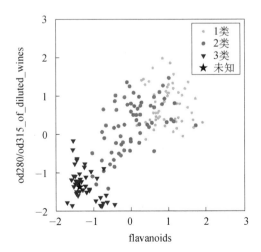

扫码看彩图 1

从运行结果可以看出，未知样本和"3 类"样本整体距离最近，因而预测的葡萄酒品种为"3 类"。

小　结

（1）基于机器学习算法在训练集上训练模型、在验证集上评估模型。

（2）通过模型建立特征到标签的映射。

（3）使用 describe() 方法和 Matplotlib 图表探查数据分布。

（4）特征在数据分布不相同的情况下需要进行归一化。

（5）模型持久化操作允许在重复使用模型时不重新训练。

（6）在使用模型预测样本前，按照需要转换数据。

习　题

一、选择题

1. 逗号分隔符的英文缩写 CSV 的英文全称是（　　）。

A. Comma-Separated Values　　　　　　B. Comma-Spaced Values

C. Comma-Separated Vector　　　　　　D. Common-Separated Values

2. 箱型图不显示统计量的（　　）。

A. 最大值　　　　B. 最小值　　　　C. 平均值　　　　D. 中位数

3. DataFrame 类的 descrbie() 方法不显示统计量的（　　）。

A. 最大值　　　　B. 最小值　　　　C. 平均值　　　　D. 方差

4. 经过 StandardScaler 类处理的数据符合（　　）。

A. 均匀分布　　　B. 标准正态分布　　C. 偏态分布　　　D. 高斯分布

5. 在其他参数一致的情况下，若相同的 random_state 参数都调用 train_test_split() 方法，那么（　　）。

A. 生成的训练集的样本数量相同，但样本不同

B. 生成的测试集的样本数量相同，但样本不同

C. 生成的训练集和测试集的样本相同

D. 生成的训练集和测试集的样本不相同

二、填空题

1. KNN 模型依据待测样本及其所在的特征空间的样本距离，计算距离待测样本最近的（　　）个样本，以此判定待测样本属于的类。

2. 模型持久化是将模型保存到（　　），目的在于使训练后的模型可以重复使用。

3.（　　）训练模型，（　　）用于验证模型性能以调整超参数。

三、操作题

数据集 cancer.txt 包含 10 个患者的检查样本，每个检查样本都有肿瘤的大小和生长时间信息，标签为 0（良性）或 1（恶性），请编写程序，完成下列任务：

（1）基于 10 个检查样本创建 KNN 模型。

（2）预测如下样本是良性或恶性。

8.093607318, 3.365731514

模块 4　线性回归和逻辑回归预测

　　线性回归（Linear Regression）通过给各个维度的特征分配不同的权重，使得所有特征协同输出连续的目标值；逻辑回归（Logistic Regression）将线性回归的结果通过 Sigmoid() 函数映射到 0～1，映射的结果是样本属于某类的概率。本模块有 3 个机器学习任务：波士顿房价预测和糖尿病病期预测，介绍了线性回归模型的构建、训练和评估；汽车购买预测，介绍了逻辑回归模型的构建、训练和评估。通过分析和实现这 3 个任务，读者能够掌握相应的编程技能。

技 能 要 求

　　（1）掌握将 CSV 文件读入 DataFrame 对象的方法。
　　（2）能够使用 describe()、info() 方法查看特征统计值。
　　（3）能够使用箱型图、直方图、折线图可视化特征到空间分布。
　　（4）掌握 DataFrame 的数据分段方法。
　　（5）掌握 DataFrame 的数据分段统计方法。
　　（6）能够使用 train_test_split() 方法切分数据集。
　　（7）能够训练线性回归模型。
　　（8）能够训练逻辑回归模型。
　　（9）掌握数据降维的方法。
　　（10）掌握预测准确率的计算方法。

学 习 导 览

　　本模块的学习导览图如图 4-1 所示。

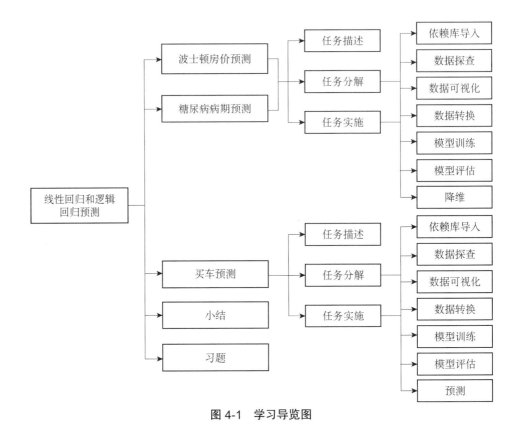

图 4-1　学习导览图

4.1　波士顿房价预测

4.1.1　任务描述

采用用于机器学习算法经验分析的波士顿房价数据进行可视化分析，依据线性回归模型特点，对波士顿房价数据进行降维处理和多项式生成，完成波士顿房价的线性回归预测。

数据集 housing.data 于 1993 年在 UCI 机器学习库开源，记录了 506 条波士顿郊区的住房价值信息。该数据集详细的字段描述如表 4-1 所示。

表 4-1　数据集 housing.data 详细的字段描述

字段	类型	是否允许为空	是否有标签	例子
人均犯罪率	float	否	否	0.00632%
住宅用地比例	float	否	否	18.0%
非住宅用地比例	float	否	否	2.31%
虚拟变量（用于回归分析）	int	否	否	0
环保指数	float	否	否	0.538
住宅房间数	float	否	否	6.575
1940 年以前建成的自住单位的比例（记作"老住宅比例"）	float	否	否	65.2%

4.1　波士顿房价预测

（续表）

字段	类型	是否允许为空	是否有标签	例子
距离波士顿的 5 个就业中心的加权距离（记作"就业中心距离"）	float	否	否	4.0900
高速公路的便利指数（记作"便利指数"）	int	否	否	1
每一万美元的不动产税率（记作"不动产税率"）	float	否	否	2.96%
城镇中的教师、学生的比例（记作"师生比例"）	float	否	否	15.3%
城镇中的黑色人种的比例（记作"黑人比例"）	float	否	否	39.69%
城镇中有多少房东属于低收入人群（记作"房东收入比例"）	float	否	否	4.98%
自住房的房价中位数（记作"均价"）	float	否	是	24.0

任务目标：

（1）通过人均犯罪率（如 0.00632%）、住宅用地比例（如 18.0%）、非住宅用地比例（如 2.31%）等字段，预测波士顿房价。

（2）通过拟合指标 R2 评价线型回归模型的拟合效果。

4.1.2　任务分解

从数据探查开始，经过分析数据分布，先使用线性回归模型找到标签和特征之间的关系，然后利用线性回归模型测试数据，通过拟合指标 R2 评估线型回归模型的拟合效果（训练效果）。本任务可分解成 7 个子任务：依赖库导入；数据探查；数据可视化；数据转换；模型训练；模型评估；降维。

1. 子任务 1：依赖库导入

本任务依赖的第三方库有 Pandas、Matplotlib、sklearn 等，可通过 import 命令导入。

2. 子任务 2：数据探查

先使用 Pandas 把 housing.data 读入 DataFrame 对象，然后分析数据分布、标签和特征关系等。

3. 子任务 3：数据可视化

通过 Matplotlib 用箱型图、直方图可视化特征的空间分布。

4. 子任务 4：数据转换

将 Pandas 类型转换为 sklearn 能处理的 NumPy 类型。

5. 子任务 5：模型训练

先构建线性回归模型（在 4.1 节简称模型），然后在已知样本上训练该模型。

6. 子任务 6：模型评估

利用拟合指标 R2 对模型进行评估。

7. 子任务 7：降维

有些特征与房价的关系不紧密，通过相关系数找到关系不紧密的特征并删除，可提高线性回归模型的预测准确率。

4.1.3 任务实施

根据上面分解的子任务，程序有 7 个 2 级标题，分别对应 7 个子任务。

1. 依赖库导入

步骤 1：定义 2 级标题。

```
## <font color="black"> 依赖库导入 </font>
```

运行结果如下：

依赖库导入

步骤 2：依赖库导入。

```
import pandas as pd
import matplotlib as mpl
import matplotlib.pyplot as plt
from sklearn import model_selection
from sklearn.linear_model import LinearRegression
```

2. 数据探查

在读入 DataFrame 对象后，观察不同标签的数据特征。

步骤 1：定义 2 级标题。

```
## <font color="black"> 数据探查 </font>
```

运行结果如下：

数据探查

步骤 2：将数据集读入 DataFrame 对象。

```
names = ['人均犯罪率', '住宅用地比例', '非住宅用地比例', '虚拟变量',
         '环保指数', '住宅房间数', '老住宅比例', '就业中心距离',
         '便利指数', '不动产税率', '师生比例', '黑人比例', '房东收入比例',
         '均价']
df = pd.read_csv('C:/data/housing.data', header=None, sep='\s+', names=names)
df.head()
```

运行结果（所有表示比例、概率等的数值都省略百分号，统一以小数形式展示和描述，下同）如下：

	人均犯罪率	住宅用地比例	非住宅用地比例	虚拟变量	环保指数	住宅房间数	老住宅比例	就业中心距离	便利指数	不动产税率	师生比例	黑人比例	房东收入比例	均价
0	0.00632	18.0	2.31	0	0.538	6.575	65.2	4.0900	1	296.0	15.3	396.90	4.98	24.0
1	0.02731	0.0	7.07	0	0.469	6.421	78.9	4.9671	2	242.0	17.8	396.90	9.14	21.6
2	0.02729	0.0	7.07	0	0.469	7.185	61.1	4.9671	2	242.0	17.8	392.83	4.03	34.7
3	0.03237	0.0	2.18	0	0.458	6.998	45.8	6.0622	3	222.0	18.7	394.63	2.94	33.4
4	0.06905	0.0	2.18	0	0.458	7.147	54.2	6.0622	3	222.0	18.7	396.90	5.33	36.2

步骤 3：数据描述。

$$df.describe()$$

运行结果（部分）如下：

	人均犯罪率	住宅用地比例	非住宅用地比例	虚拟变量	环保指数	住宅房间数	老住宅比例	就业中心距离	便利指数	不动产税率	师生比例
count	506.000000	506.000000	506.000000	506.000000	506.000000	506.000000	506.000000	506.000000	506.000000	506.000000	506.000000
mean	3.613524	11.363636	11.136779	0.069170	0.554695	6.284634	68.574901	3.795043	9.549407	408.237154	18.455534
std	8.601545	23.322453	6.860353	0.253994	0.115878	0.702617	28.148861	2.105710	8.707259	168.537116	2.164946
min	0.006320	0.000000	0.460000	0.000000	0.385000	3.561000	2.900000	1.129600	1.000000	187.000000	12.600000
25%	0.082045	0.000000	5.190000	0.000000	0.449000	5.885500	45.025000	2.100175	4.000000	279.000000	17.400000
50%	0.256510	0.000000	9.690000	0.000000	0.538000	6.208500	77.500000	3.207450	5.000000	330.000000	19.050000
75%	3.677082	12.500000	18.100000	0.000000	0.624000	6.623500	94.075000	5.188425	24.000000	666.000000	20.200000
max	88.976200	100.000000	27.740000	1.000000	0.871000	8.780000	100.000000	12.126300	24.000000	711.000000	22.000000

可以得出此数据集包含 506 个样本，因此此数据集不存在缺失值的情况，结合平均值、中位数、标准差、最小值和最大值可以发现，"人均犯罪率"的平均值约为 3.61，中位数和最小值分别约为 0.25 和 0.006，说明存在一些极大值特征提高了平均值，类似的特征还有"住宅用地比例"等，因此可以用箱型图探究此特征的相关数据的合理性。同样地，依次查看其他特征的数据是否合理。

3. 数据可视化

与房价相关的特征比较多，因此利用图表能够更加直观地表示数据分布，这里使用 Matplotlib 绘制图表。

步骤 1：定义 2 级标题。

```
## <font color="black"> 数据可视化 </font>
```

运行结果如下：

数据可视化

步骤 2：使 Matplotlib 支持中文字符。

```
mpl.rcParams['font.sans-serif']=['SimHei']
```

步骤 3：利用箱型图分析"人均犯罪率""住宅用地比例"的分布趋势。

```
fig = plt.figure()
ax1 = fig.add_subplot(121)
ax1.boxplot(df['人均犯罪率'])
ax1.set_title('人均犯罪率_箱型图')
ax2 = fig.add_subplot(122)
ax2.boxplot(df['住宅用地比例'])
ax2.set_title('住宅用地比例_箱型图')
plt.show()
```

运行结果如下：

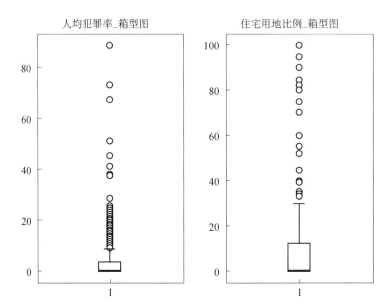

从运行结果可以看出，"人均犯罪率"和"住宅用地比例"的大部分数据集中在75%分位数（即上四分位数）以上，即排序后的顶端的25%，说明这些数据不服从正态分布，且存在较多的极端值。

<table>
<tr><td>····> 知识专栏</td><td>百分位数</td></tr>
</table>

将一组数据从小到大排序，并计算相应的累计百分位，则某个百分位对应的数据的值被称为这个百分位的百分位数。常见百分位数如表4-2所示（注：可对照"鸢尾花品种预测"中介绍的箱型图进行理解）。

表4-2 常见的百分位数

百分位数	说明
25%分位数 a	数据集有25%的数据小于或等于a
50%分位数 b	数据集有50%的数据小于或等于b，b是数据集的中位数
75%分位数 c	数据集有75%的数据小于或等于c

步骤4：利用直方图分析"均价"的分布趋势。

```
plt.hist(df['均价'],color='skyblue')
plt.axvline(x=df['均价'].describe()['25%'],linestyle='--',color='red')
plt.axvline(x=df['均价'].describe()['50%'],linestyle='--',color='darkorange')
plt.axvline(x=df['均价'].describe()['75%'],linestyle='--',color='yellowgreen')
plt.title("房价均价直方图")
plt.show()
```

运行结果如下：

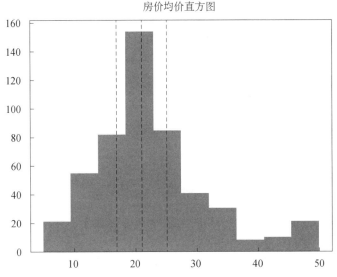

房价均价直方图

扫码看彩图 2

从运行结果可以看出，波士顿地区存在少量高价房。

4. 数据转换

步骤 1：定义 2 级标题。

```
## <font color="black"> 数据转换 </font>
```

运行结果如下：

数据转换

步骤 2：切分特征和标签。

```
X = df.iloc[:, 0:-1].values
y = df.iloc[:, -1]
```

5. 模型训练

先切分训练集和测试集，在构建线性回归模型后，再在特征 X 和标签 y 上训练线性回归模型。

步骤 1：定义 2 级标题。

```
## <font color="black"> 模型训练 </font>
```

运行结果如下：

模型训练

步骤 2：将数据集切分成训练集和测试集，使测试集占 20%。

```
X_train, X_test, y_train, y_test = model_selection.train_test_split(X, y, random_state=4, test_size=0.2)
X_train.shape, X_test.shape
```

运行结果如下：

```
((404, 13), (102, 13))
```

可以看出，训练集包括 404 条数据，测试集包括 102 条数据，测试集占 20%。

步骤 3：在训练集上训练线性回归模型。

```
lr_model = LinearRegression()
lr_model.fit(X_train, y_train)
```

运行结果如下：

```
▼ LinearRegression
LinearRegression()
```

···➡ **知识专栏**　　　　　　　　**线性回归**

线性回归是一种预测性的建模技术，它研究的是因变量（目标）和自变量（预测器）之间的关系，具体过程如下：给定 n 个特征 $x=(x_1, x_2, x_3, \cdots, x_n)$，其中，$x_n$ 是 x 在第 n 个特征上的取值。线性回归模型为 $f(x)=b_1x_1+b_2x_2+b_3x_3+\cdots+b_nx_n$，其中，$b_0 \sim b_n$ 为参数，在参数确定之后，线性回归模型就确定了。线性回归分为一元线性回归和多元线性回归。

1. 一元线性回归

只用 1 个 x 来预测 $f(x)$，即用 1 条直线拟合数据，并且让这条直线尽可能地拟合数据点，当有 1 个新的 x 时，就可以用这条直线来预测 $f(x)$。

2. 多元线性回归

通过多个 x 的线性组合来预测 $f(x)$，比如，当有 2 个 x（x_1、x_2）的时候，相当于用 1 个平面来拟合数据，并且让这个平面尽可能地拟合数据点，建立相应的多元线性回归方程，当有 1 组新的 x 的时候，就可以用这个平面来预测 $f(x)$。

6. 模型评估

在模型训练后，还需要对模型的训练效果进行评估，使用 score() 方法返回的拟合指标 R2 可以通过数据的变化来表征拟合的好坏，正常取值范围为[0, 1]，拟合指标 R2 越接近 1（或 100%），表明方程中的变量的解释能力越强，模型对数据的拟合效果越好。

步骤 1：定义 2 级标题。

<font color="black"> 模型评估 </font>

运行结果如下：

模型评估

步骤 2：计算拟合指标。

```
R2 = lr_model.score(X_test, y_test)
print("拟合指标=%.2f%%"%(R2*100))
```

运行结果如下：

拟合指标=72.63%

7. 降维

为了便于辨别每一个特征和房价的关系，可通过 DataFrame 类的 corr() 方法找到线性关系不明显的特征并删除，提高线性回归模型的预测准确率（让拟合指标接近 1）。

步骤 1：定义 2 级标题。

<font color="black"> 降维 </font>

运行结果如下：

降维

> 知识专栏　　　　　　　　　　　　降维

　　降维是指通过保留一些比较重要的特征，去除一些冗余的特征，来降低特征的维度。如果维度较大，并且降维后的模型精度变化不大，那么就可以进行降维。特征选择是一种重要的降维方法，通过用选择的特征替换所有特征，不改变原有特征，也不产生新的特征，简而言之就是留下重要的特征，去掉不重要的，关键点在于区分特征的重要性。

步骤 2：计算相关系数。

```
df.corr()["均价"]
```

运行结果如下：

```
人均犯罪率      -0.388305
住宅用地比例     0.360445
非住宅用地比例    -0.483725
虚拟变量       0.175260
环保指数       -0.427321
住宅房间数      0.695360
老住宅比例      -0.376955
就业中心距离     0.249929
便利指数       -0.381626
不动产税率      -0.468536
师生比例       -0.507787
黑人比例       0.333461
房东收入比例     -0.737663
均价         1.000000
Name: 均价, dtype: float64
```

从运行结果可以看出，相关系数的绝对值最小的特征是"虚拟变量"，可在模型训练过程中删除这个特征并再次训练、评估模型。

> 知识专栏　　　　　　　　　　　相关系数

　　相关系数是一种统计指标，是研究变量之间的线性相关程度的量，一般用字母 r 表示。由于研究对象不同，因此相关系数有多种定义方式，较为常用的是皮尔逊相关系数。相关表和相关图可反映两个变量的相互关系及其相关方向，但无法确切地表明两个变量的相关程度。相关系数是用以反映变量之间相关关系的密切程度的统计指标，取值一般介于 -1 到 1 之间，相关系数的绝对值越大，表示相关性越强。

步骤 3：从训练数据中去掉相关系数最小的列的数据。

```
less_cols = list(range(13))
less_cols.remove(3)
less_cols
```

运行结果如下：

```
[0, 1, 2, 4, 5, 6, 7, 8, 9, 10, 11, 12]
```

步骤 4：在降维后训练模型。

```
X_train_less = X_train[:, less_cols]
lr_model = LinearRegression()
lr_model.fit(X_train_less, y_train)
```

步骤 5：重新进行预测。

```
X_test_less = X_test[:, less_cols]
R2 = lr_model.score(X_test_less, y_test)
print("拟合指标 =%.2f%%"%(R2*100))
```

运行结果如下：

拟合指标=73.11%

从最后的运行结果可以看出，在去掉相关系数最小的列的数据之后，模型的拟合程度有所上升。

4.2 糖尿病病期预测

4.2.1 任务描述

4.2 糖尿病病期预测

数据集 diabetes.csv 是一个关于糖尿病的数据集，包括 442 个患者的生理数据及其一年的病情发展情况，特征包括年龄、性别等 10 个，通过这 10 个特征可完成糖尿病的发展阶段指数（用于表示病期）预测。该数据集详细的字段描述如表 4-3 所示。

表 4-3　数据集 diabetes.csv 详细的字段描述

字段	类型	是否允许为空	是否有标签	例子
年龄	int	否	否	59
性别	str	否	否	1
身体质量指数	float	否	否	32.1
血压	float	否	否	101.0
血清胆固醇	int	否	否	157
低密度脂蛋白	float	否	否	93.2
高密度脂蛋白	float	否	否	38.0
总胆固醇	float	否	否	4.0
血清甘油三酯	float	否	否	4.8598
血糖	int	否	否	87
发展阶段指数	int	否	是	151

（注："性别"中，0 表示女性，1 表示男性）

任务目标：

（1）通过年龄（如 59）、性别（如 1）、身体质量指数（如 32.1）等 10 个特征，预测患者的糖尿病病期（发展阶段指数）。

（2）通过拟合指标 R2 评估线性回归模型的拟合效果。

4.2.2　任务分解

从数据探查开始，经过分析数据分布，先使用线性回归模型找到标签和特征之间的关系，然后利用线性回归模型测试数据，通过拟合指标 R2 评估模型。本任务可分解成 7 个子任务：依赖库导入；数据探查；数据可视化；数据转换；模型训练；模型评估；降维。

1. 子任务 1：依赖库导入

本任务依赖的第三方库有 Pandas、Matplotlib、sklearn 等，可通过 import 命令导入。

2. 子任务 2：数据探查

先使用 Pandas 把 diabetes.csv 读入 DataFrame 对象，然后分析数据分布、标签和特征关系等。

3. 子任务 3：数据可视化

通过 Matplotlib 用直方图、饼图、折线图的形式可视化特征的空间分布。

4. 子任务 4：数据转换

将 Pandas 类型转换为 sklearn 能处理的 NumPy 类型。

5. 子任务 5：模型训练

先构建线性回归模型（将 4.2 节所用的线性回归模型简称为模型），然后在已知样本上训练该模型。

6. 子任务 6：模型评估

利用拟合指标 R2 对模型进行评估。

7. 子任务 7：降维

有些特征与发展阶段指数的关系不紧密，可通过相关系数找到关系不紧密的特征并删除，提高线性回归模型的预测准确率。

4.2.3　任务实施

根据上面分解的子任务可知，程序有 7 个 2 级标题，分别对应 7 个子任务。

1. 依赖库导入

步骤 1：定义 2 级标题。

```
## <font color="black"> 依赖库导入 </font>
```

运行结果如下：

依赖库导入

步骤 2：依赖库导入。

```python
import pandas as pd
import matplotlib as mpl
import matplotlib.pyplot as plt
from sklearn import model_selection
from sklearn.linear_model import LinearRegression
```

2. 数据探查

步骤 1：定义 2 级标题。

```
## <font color="black"> 数据探查</font>
```

运行结果如下：

数据探查

步骤 2：将数据集读入 DataFrame 对象。

```python
df = pd.read_csv('C:/data/diabetes.csv', sep='\s+')
df.head()
```

运行结果如下：

	年龄	性别	身体质量指数	血压	血清胆固醇	低密度脂蛋白	高密度脂蛋白	总胆固醇	血清甘油三酯	血糖	发展阶段指数
count	442.000000	442.000000	442.000000	442.000000	442.000000	442.000000	442.000000	442.000000	442.000000	442.000000	442.000000
mean	48.518100	1.468326	26.375792	94.647014	189.140271	115.439140	49.788462	4.070249	4.641411	91.260181	152.133484
std	13.109028	0.499561	4.418122	13.831283	34.608052	30.413081	12.934202	1.290450	0.522391	11.496335	77.093005
min	19.000000	1.000000	18.000000	62.000000	97.000000	41.600000	22.000000	2.000000	3.258100	58.000000	25.000000
25%	38.250000	1.000000	23.200000	84.000000	164.250000	96.050000	40.250000	3.000000	4.276700	83.250000	87.000000
50%	50.000000	1.000000	25.700000	93.000000	186.000000	113.000000	48.000000	4.000000	4.620050	91.000000	140.500000
75%	59.000000	2.000000	29.275000	105.000000	209.750000	134.500000	57.750000	5.000000	4.997200	98.000000	211.500000
max	79.000000	2.000000	42.200000	133.000000	301.000000	242.400000	99.000000	9.090000	6.107000	124.000000	346.000000

步骤 3：调用数据描述函数。

```python
df.describe()
```

运行结果如下：

	年龄	性别	身体质量指数	血压	血清胆固醇	低密度脂蛋白	高密度脂蛋白	总胆固醇	血清甘油三酯	血糖	发展阶段指数
count	442.000000	442.000000	442.000000	442.000000	442.000000	442.000000	442.000000	442.000000	442.000000	442.000000	442.000000
mean	48.518100	1.468326	26.375792	94.647014	189.140271	115.439140	49.788462	4.070249	4.641411	91.260181	152.133484
std	13.109028	0.499561	4.418122	13.831283	34.608052	30.413081	12.934202	1.290450	0.522391	11.496335	77.093005
min	19.000000	1.000000	18.000000	62.000000	97.000000	41.600000	22.000000	2.000000	3.258100	58.000000	25.000000
25%	38.250000	1.000000	23.200000	84.000000	164.250000	96.050000	40.250000	3.000000	4.276700	83.250000	87.000000
50%	50.000000	1.000000	25.700000	93.000000	186.000000	113.000000	48.000000	4.000000	4.620050	91.000000	140.500000
75%	59.000000	2.000000	29.275000	105.000000	209.750000	134.500000	57.750000	5.000000	4.997200	98.000000	211.500000
max	79.000000	2.000000	42.200000	133.000000	301.000000	242.400000	99.000000	9.090000	6.107000	124.000000	346.000000

可以得出此数据集包含 442 个样本，数据集不存在缺失值。结合平均值、标准差、最小值可以发现，几乎所有特征的平均值都近似等于中位数，且标准差都明显小于平均值，初步判断这些特征都较为合理。

步骤 4："年龄"特征分段统计。

通过分段将"年龄"特征转换为年龄段，方便后续统计。

```python
df['年龄段']=pd.cut(x=df['年龄'],bins = [0,39,49,59,69,79],labels=['40以下','40~49','50~59','60~69','70~79'])
age_count = df['年龄段'].value_counts()
age_count = age_count.reindex(['40以下','40-49','50-59','60-69','70-79'])
age_count
```

运行结果如下：

```
年龄段
40以下     117
40~49      97
50~59     125
60~69      90
70~79      13
Name: count, dtype: int64
```

可以看出，"年龄"特征基本服从正态分布，其中，50～59 年龄段的患者人数最多。

> **知识专栏**　　　　　　　　　　**数据分段**
>
> 　　在数据分析中，常常需要将连续的数据离散化，这就是数据分段。数据分段是在连续数据的取值范围内设置一些离散的分段点，让连续数据按照这些分段点进行分段。比如，在人口普查时，并不一定统计所有年龄的人口比例，而是将年龄分为年轻型、成年型和老年型等不同年龄段，并进行统计。Pandas 提供了 cut ()函数进行数据分段。

步骤 5："性别"特征统计。

```python
gender_count = df['性别'].value_counts()
gender_count.index = ['男','女']
gender_count
```

运行结果如下：

```
男    235
女    207
Name: count, dtype: int64
```

可以看出，男性患者的人数比女性患者多。

3. 数据可视化

步骤 1：定义 2 级标题。

```
## <font color="black"> 数据可视化 </font>
```

运行结果如下：

数据可视化

步骤 2：使 Matplotlib 支持中文字符。

```python
plt.rcParams['font.sans-serif']=['SimHei']
plt.rcParams['axes.unicode_minus'] = False
```

步骤 3：分别利用直方图、饼图显示患者的年龄和性别的数据分布。

```
fig = plt.figure(figsize=(10,4))
ax1 = fig.add_subplot(121)
plt.rcParams['figure.figsize']=(3,3)
ax1.bar(x = age_count.index,height = age_count,color = 'lightgreen',edgecolor='blue')
ax1.set_title('年龄_直方图')
ax2 = fig.add_subplot(122)
ax2.pie(gender_count,colors=['darkorange','skyblue'],labels=['男','女'],autopct='%.1f%%')
ax2.set_title('性别_饼图')
plt.show()
```

运行结果如下：

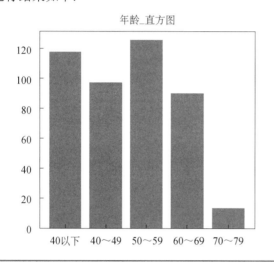
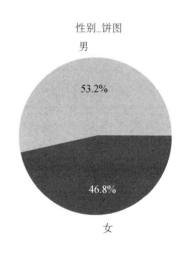

> **知识专栏**　　　　　　　　　**饼图**
>
> 　　饼图以圆形代表研究对象这个整体，用以圆心为共同顶点的多个扇形表示各个组成部分在整体中所占的比例，一般用图例表明各个扇形所代表的项目的名称及其所占的百分比。饼图可以比较清楚地反映出部分与部分、部分与整体之间的数量关系，易于显示每组数据相对于总数据的比例。matplotlib.pyplot 模块提供了 pie () 函数用以绘制饼图。

步骤 4：利用折线图比较糖尿病的发展阶段指数与血压、总胆固醇、血糖的关系。

因为糖尿病的发展阶段指数与血压、总胆固醇、血糖的取值范围不同，直接绘制图形的效果不好，因此先将数据进行标准化，标准化的方法为：(x-平均值)/标准差。

```
fig = plt.figure(figsize=(12,10))
ax1 = fig.add_subplot(311)
x = df.index[:100]
y1 = df['血压'][:100]
y1 = (y1-y1.mean())/y1.std()
y2 = df['发展阶段指数'][:100]
y2 = (y2-y2.mean())/y2.std()
ax1.plot(x,y1,color = 'red')
ax1.plot(x,y2,'darkgreen',linestyle='--')
ax1.set_title('血压--发展阶段指数')

ax2 = fig.add_subplot(312)
y1 = df['总胆固醇'][:100]
y1 = (y1-y1.mean())/y1.std()
```

```
ax2.plot(x,y1,color = 'red')
ax2.plot(x,y2,'darkgreen',linestyle='--')
ax2.set_title('总胆固醇--发展阶段指数')

ax3 = fig.add_subplot(313)
y1 = df['血糖'][:100]
y1 = (y1-y1.mean())/y1.std()
ax3.plot(x,y1,color = 'red')
ax3.plot(x,y2,'darkgreen',linestyle='--')
ax3.set_title('血糖--发展阶段指数')
```

运行结果如下：

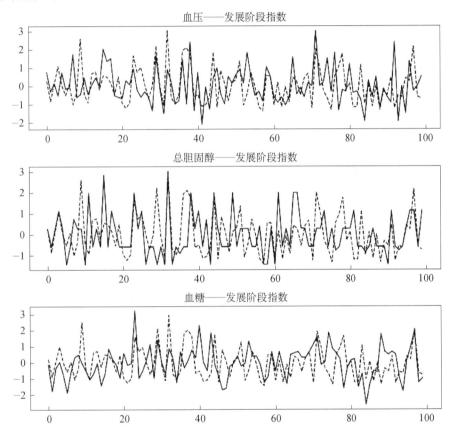

数据标准化是一种最常见的无量纲化处理方式，其计算公式如下：$z = \dfrac{x - \bar{x}}{a}$。

4. 数据转换

步骤 1：定义 2 级标题。

```
## <font color="black"> 数据转换 </font>
```

运行结果如下：

数据转换

步骤 2：查看数据。

```
df.head()
```

运行结果如下：

	年龄	性别	身体质量指数	血压	血清胆固醇	低密度脂蛋白	高密度脂蛋白	总胆固醇	血清甘油三酯	血糖	发展阶段指数	年龄段
0	59	2	32.1	101.0	157	93.2	38.0	4.0	4.8598	87	151	50-59
1	48	1	21.6	87.0	183	103.2	70.0	3.0	3.8918	69	75	40-49
2	72	2	30.5	93.0	156	93.6	41.0	4.0	4.6728	85	141	70-79
3	24	1	25.3	84.0	198	131.4	40.0	4.0	4.8903	89	206	40以下
4	50	1	23.0	101.0	192	125.4	52.0	4.0	4.2905	80	135	50-59

步骤 3：删除新生成的"年龄段"列。

```
df.drop(labels='年龄段',axis=1,inplace=True)
df.head()
```

运行结果如下：

	年龄	性别	身体质量指数	血压	血清胆固醇	低密度脂蛋白	高密度脂蛋白	总胆固醇	血清甘油三酯	血糖	发展阶段指数
0	59	2	32.1	101.0	157	93.2	38.0	4.0	4.8598	87	151
1	48	1	21.6	87.0	183	103.2	70.0	3.0	3.8918	69	75
2	72	2	30.5	93.0	156	93.6	41.0	4.0	4.6728	85	141
3	24	1	25.3	84.0	198	131.4	40.0	5.0	4.8903	89	206
4	50	1	23.0	101.0	192	125.4	52.0	4.0	4.2905	80	135

步骤 4：切分特征和标签。

```
X = df.iloc[:, 0:-1].values
y = df.iloc[:, -1]
```

5. 模型训练

先切分训练集和测试集，在构建模型后，再在特征 X 和标签 y 上训练模型。

步骤 1：定义 2 级标题。

```
## <font color="black"> 训练模型 </font>
```

运行结果如下：

训练模型

步骤 2：切分训练集和测试集。

```
X_train, X_test, y_train, y_test = model_selection.train_test_split(X, y, random_state=4, test_size=0.2)
X_train.shape, X_test.shape
```

运行结果如下：

$$((353, 10), (89, 10))$$

可以看出，训练集包括 353 条数据，测试集包括 89 条数据，测试集约占总数据集的 20%。

步骤 3：训练模型。

```
lr_model = LinearRegression()
lr_model.fit(X_train, y_train)
```

运行结果如下：

```
▼ LinearRegression
LinearRegression()
```

6. 模型评估

在训练模型后，还需要对模型的训练效果进行评估，使用 score ()方法返回的拟合指标 R2 可通过数据的变化来表征拟合的好坏，正常取值范围为[0,1]，拟合指标 R2 越接近 1，表明方程中的变量的解释能力越强，模型对数据的拟合效果越好。

步骤 1：定义 2 级标题。

```
## <font color="black"> 模型评估 </font>
```

运行结果如下：

模型评估

步骤 2：计算拟合指标。

```
R2 = lr_model.score(X_test, y_test)
print("拟合指标=%.2f%%"%(R2*100))
```

运行结果如下：

拟合指标=46.11%

7. 降维

为了便于辨别每一个特征和发展阶段指数的关系，可通过 DataFrame 类的 corr ()方法找到线性关系不明显的特征并删除，提高模型的预测准确率。

步骤 1：定义 2 级标题。

```
## <font color="black"> 降维 </font>
```

运行结果如下：

降维

步骤 2：计算相关系数。

```
df.corr()["发展阶段指数"]
```

运行结果如下：

```
年龄              0.187889
性别              0.043062
身体质量指数        0.586450
血压              0.441482
血清胆固醇         0.212022
低密度脂蛋白        0.174054
高密度脂蛋白       -0.394789
总胆固醇          0.430453
血清甘油三酯        0.565883
血糖              0.382483
发展阶段           1.000000
Name: 发展阶段指数, dtype: float64
```

从运行结果可以看出，相关系数的绝对值最小的特征是"性别"，可在模型训练过程中删除这个特征并再次训练、评估。

步骤 3：删除相关性最差的列数据。

```
less_cols = list(range(10))
less_cols.remove(1)
less_cols
```

运行结果如下：

```
[0, 2, 3, 4, 5, 6, 7, 8, 9]
```

步骤 4：在降维后训练模型。

```
X_train_less = X_train[:, less_cols]
lr_model = LinearRegression()
lr_model.fit(X_train_less, y_train)
```

步骤 5：重新计算拟合指标。

```
X_test_less = X_test[:, less_cols]
R2 = lr_model.score(X_test_less, y_test)
print("拟合指标 =%.2f%%"%(R2*100))
```

运行结果如下：

拟合指标=48.49%

从最后的运行结果可以看出，去掉一列数据之后，模型的拟合度有所上升。

4.3 买车预测

4.3.1 任务描述

4.3 买车预测

许多社会经济课题研究的因变量往往只有两个可能的结果，这样的因变量可用虚拟变量来表示，虚拟变量的值可取 0 或 1，对应现实意义的假或真，虚拟变量就是定性变量。通过定性变量得到的回归模型是基于历史数据训练出来的一种数学表达式，用来判断新数据属于某一种定性变量的概率，为常见的是否类决策提供准确度度量。

数据集 buycar.txt 是一个关于买车情况的数据集，包括 50 个用户的 ID、性别、年龄、年收入，可通过这些数据构建逻辑回归模型，并预测买车的结果。该数据集详细的字段描述如表 4-3 所示。

表 4-3　数据集 buycar.txt 详细的字段描述

字段	类型	是否允许为空	是否有标签	例子
ID	int	否	否	15624510
性别	int	否	否	1
年龄	int	否	否	19
年收入	int	否	否	19000
是否买车	int	否	是	0

注：
1. "性别"中，0 表示女性，1 表示男性；
2. "是否买车"中，0 表示用户尚未买车，1 表示已买车

任务目标：

（1）通过用户的 ID、性别、年龄、年收入等，预测该用户买车的可能性。

（2）计算模型的预测准确率。

（3）通过 NumPy 生成年龄、年收入的随机数，利用已经创建的逻辑回归模型进行预测。

4.3.2　任务分解

从探查数据开始，经过分析数据分布，先使用逻辑回归模型找到标签和数据特征之间的关系，然后利用逻辑回归模型测试数据，通过拟合指标 R2 评估模型。本任务可分解成 7 个子任务：依赖库导入；数据探查；数据可视化；数据转换；模型训练；模型评估；预测。

1. 子任务 1：依赖库导入

本任务依赖的第三方库有 Pandas、Matplotlib、sklearn 等，可通过 import 命令导入。

2. 子任务 2：数据探查

先使用 Pandas 把 buycar.txt 读入 DataFrame 对象，然后检查数据分布、标签和数据特征的关系等。

3. 子任务 3：数据可视化

使用 Matplotlib 以圆环图、条形图可视化特征的空间分布。

4. 子任务 4：数据转换

将 Pandas 类型转换为 sklearn 能处理的 NumPy 类型。

5. 子任务 5：模型训练

先构建逻辑回归模型（在 4.3 节将逻辑回归模型简称模型），然后在训练集上训练该模型，并在验证集上评估模型精度。

6. 子任务 6：模型评估

根据测试集预测标签，跟真实标签比较，计算拟合指标。

7. 子任务 7：预测

利用已经构建的模型进行结果预测。

4.3.3 任务实施

根据上面分解的子任务可知，程序有 7 个 2 级标题，分别对应 7 个子任务。

1. 依赖库导入

步骤 1：定义 2 级标题。

```
## <font color="black"> 依赖库导入 </font>
```

运行结果如下：

依赖库导入

步骤 2：依赖库导入。

```
import numpy as np
import pandas as pd
import matplotlib as mpl
import matplotlib.pyplot as plt
from sklearn import model_selection
from sklearn.preprocessing import StandardScaler
from sklearn.linear_model import LogisticRegression
```

2. 数据探查

步骤 1：定义 2 级标题。

```
## <font color="black"> 数据探查</font>
```

运行结果如下：

数据探查

步骤 2：将数据集读入 DataFrame 对象。

```
names = ['ID','性别','年龄','年收入', "是否买车"]
df = pd.read_csv('c:/data/buycar.txt', header=None, names=names)
df.head(10)
```

运行结果如下：

	ID	性别	年龄	年收入	是否买车
0	15624510	1	19	19000	0
1	15810944	1	35	20000	0
2	15668575	0	26	43000	0
3	15603246	0	27	57000	0
4	15804002	1	19	76000	0
5	15728773	1	27	58000	0

6	15598044	0	27	84000	0
7	15694829	0	32	150000	1
8	15600575	1	25	33000	0
9	15727311	0	35	65000	0

步骤 3：获取数据信息。

$$df.info()$$

运行结果如下：

```
<class 'pandas.core.frame.DataFrame'>
RangeIndex: 50 entries, 0 to 49
Data columns (total 5 columns):
 #   Column       Non-Null Count  Dtype
---  ------       --------------  -----
 0   ID           50 non-null     int64
 1   性别          50 non-null     int64
 2   年龄          50 non-null     int64
 3   年收入        50 non-null     int64
 4   是否买车      50 non-null     int64
dtypes: int64(5)
memory usage: 2.1 KB
```

步骤 4：是否买车的频数统计。

先将"0"转换为"不买"，将"1"转换为"买"，再进行频数统计。

```
df_new = df.replace({0:'不买',1:'买'})
buy_result = df_new['是否买车'].value_counts()
buy_result
```

运行结果如下：

```
是否买车
买      26
不买    24
Name: count, dtype: int64
```

步骤 5：数据分组统计。

先按照是否买车将用户分为两组，再统计不同组的平均年龄。

```
group_buy_age = df_new.groupby(by='是否买车')['年龄'].mean()
group_buy_age = round(group_buy_age,0)
print("是否买车用户的平均年龄：")
group_buy_age
```

运行结果如下：

```
是否买车用户的平均年龄：

不买    26.0
买      46.0
Name: 年龄, dtype: float64
```

可以看出，不买车用户的平均年龄显著低于买车用户。

先按照是否买车将用户分为两组，再统计不同组的平均年收入。

```
group_buy_income = df_new.groupby(by='是否买车')['年收入'].mean()
group_buy_income = round(group_buy_income,0)
print("是否买车用户的平均年收入: ")
group_buy_income
```

运行结果如下:

是否买车用户的平均年收入:
不买　　56458.0
买　　　33731.0
Name: 年收入, dtype: float64

可以看出, 不买车用户的平均年收入显著高于买车用户。

3. 数据可视化

步骤1: 定义2级标题。

<font color="black"> 数据可视化 </font>

运行结果如下:

数据可视化

步骤2: 使 Matplotlib 支持中文字符。

mpl.rcParams['font.sans-serif']=['SimHei']

步骤3: 利用圆环图显示是否买车用户的比例。

```
plt.pie(x=buy_result,labels = buy_result.index,autopct = '%.1f%%',
        colors =['darkorange','lightgreen'],radius=0.7)
plt.pie(x=[1], colors = 'w',radius=0.5)
plt.show()
```

运行结果如下:

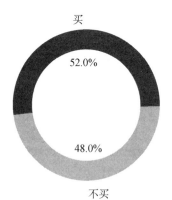

⋯⋯▶ **知识专栏**　　　　　　　　　　　**圆环图**

　　圆环图像饼图一样, 可以显示各个部分与整体之间的关系。在绘制圆环图时, 可以先在一个绘图窗口中绘制两个饼图, 再嵌套在一起, 并对两个饼图分别设置参数, 从而得到圆环图。外层饼图起到显示的效果, 内层饼图起到遮挡的效果。在进行参数设置时, 只需要将内层饼图设置成不会被分割，同时将内层饼图的背景颜色设置为白色。matplotlib.
pyplot 模块提供了 pie ()函数来绘制圆环图。

步骤 4：利用条形图显示特征的空间分布。

```python
fig = plt.figure(figsize=(10,8))
ax1 = fig.add_subplot(211)
x = group_buy_age.index
y = group_buy_age
ax1.barh(x,y,height=0.4,color = 'skyblue')
ax1.set_title('是否买车用户的平均年龄')
ax2 = fig.add_subplot(212)
x = group_buy_income.index
y = group_buy_income
ax2.barh(x,y,height=0.4,color = 'skyblue')
ax2.set_title('是否买车用户的平均年收入')
plt.show()
```

运行结果如下：

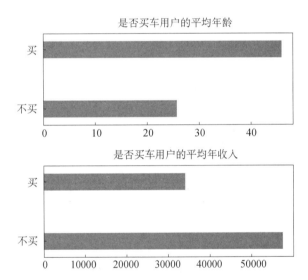

4. 数据转换

步骤 1：定义 2 级标题。

```
## <font color="black"> 数据转换 </font>
```

运行结果如下：

数据转换

步骤 2：切分特征和标签。

将 2 个数值型变量"年龄"和"年收入"作为自变量。

```python
X = df.iloc[:, [2, 3]].values
y = df.iloc[:, 4].values
```

5. 模型训练

在构建模型后，先切分训练集和测试集，再在特征 X 和标签 y 上进行模型训练。

步骤 1：定义 2 级标题。

```
## <font color="black"> 模型训练 </font>
```

运行结果如下：

模型训练

步骤 2：切分训练集和测试集。

```
X_train, X_test, y_train, y_test = model_selection.train_test_split(X, y, random_state=4, test_size=0.2)
X_train[:5]
```

运行结果如下：

```
array([[   48, 41000],
       [   29, 43000],
       [   32, 18000],
       [   29, 80000],
       [   47, 25000]], dtype=int64)
```

步骤 3：数据缩放。

```
sc = StandardScaler()
X_train = sc.fit_transform(X_train)
X_test = sc.fit_transform(X_test)
X_train[:5]
```

运行结果如下：

```
array([[ 0.97891347,  0.05405296],
       [-0.83565784,  0.14414122],
       [-0.54914658, -0.98196206],
       [-0.83565784,  1.81077407],
       [ 0.88340971, -0.66665314]])
```

步骤 4：训练模型。

```
lr_model = LogisticRegression()
lr_model.fit(X_train, y_train)
```

运行结果如下：

```
▾ LogisticRegression
LogisticRegression()
```

6. 模型评估

在训练模型后，需要对模型的训练效果进行评估，如在进行二分类或者多分类时，将预测的标签跟真实标签比较，计算预测准确率。

步骤 1：定义 2 级标题。

```
## <font color="black"> 模型评估 </font>
```

运行结果如下：

模型评估

步骤 2：在测试集上用模型进行预测。

```
y_test_pred = lr_model.predict(X_test)
y_test_pred
```

运行结果如下：

```
array([0, 0, 0, 0, 0, 0, 0, 1, 1, 1], dtype=int64)
```

步骤 3：计算预测准确率。

```
R2 = lr_model.score(X_test,y_test)
print("预测准确率=%.2f%%"%(R2*100))
```

运行结果如下：

预测准确率=90.00%

7. 预测

通过 NumPy 生成随机数，利用已经构建的模型进行预测。

步骤 1：定义 2 级标题。

```
## <font color="black"> 预测 </font>
```

运行结果如下：

预测

步骤 2：根据生成的随机数进行预测。

```
label_names = ["不买车", "买车"]
age = np.random.randint(20,40)
income = np.random.randint(15000,80000)
test_data = [[age, income]]
test_data = sc.transform(test_data)
y_pred = lr_model.predict(test_data)
result = label_names[y_pred[0]]
print("年龄为：%d, 年收入为：%d, 预测买车的结果为：%s"%(age,income,result))
```

运行结果如下：

年龄为：22，年收入为：25703，预测买车的结果为：不买车

小　　结

（1）使用箱型图的最小值、25%分位数、50%分位数、75%分位数、最大值描述数据的分布形状和集中趋势。

（2）在数据分布不相同时，需要通过归一化使得不同数据具有可比性。

（3）根据相关系数找到与标签关系疏远的特征。

（4）数据分段可以将具有连续性的数据进行分类。

（5）数据降维减少了参与预测的特征的数量，是一种提高模型预测准确率的方法。

（6）线性回归可以用一（多）元一次方程表示，逻辑回归可在此基础上使用 Sigmoid() 函数计算样本属于某个类的概率。

习　题

一、选择题

1. 在 Pandas 中，head ()函数默认读取前（　　）行数据。

A. 1　　　　　　　　B. 3　　　　　　　　C. 5　　　　　　　　D.10

2. fig.add_subplot(231)表示生成（　　）行、（　　）列的子图矩阵，并绘制第（　　）张子图。

A. 2，1，3　　　　B. 3，2，1　　　　C. 2，3，1　　　　D. 3，2，1

3. 一组数据的 50%分位数相当于这组数据的（　　）。

A. 最大值　　　　B. 最小值　　　　C. 平均值　　　　D. 中位数

4. boxplot() 用于绘制（　　）。

A. 直方图　　　　B. 箱型图　　　　C. 条形图　　　　D. 饼图

5. 在 model_selection.train_test_split ()函数中，如果 test_size 等于 0.2，则表示训练集的行数是测试集的行数的（　　）倍。

A. 4　　　　　　　　B. 3　　　　　　　　C. 2　　　　　　　　D. 1

二、填空题

1. 在使用 plt.pie()函数绘制饼图时，若该函数中存在参数 radius，则该参数表示饼图的（　　）。

2. 在训练模型后，常用 R2（拟合指标）对模型的训练效果进行评估，其正常取值范围为（　　）。

3. 如果已经构建模型 lr_model，则使用该模型预测测试集 test_data 的结果，可使用（　　）。

三、编程题

数据集 pisa.txt 包含 6 个披萨的样本，每个样本有直径、辅料、价格等信息，标签 0（表示不好吃）或 1（表示好吃），请编写程序，完成下列任务：

（1）切分 80%的数据作为训练集，20%的数据作为测试集，构建逻辑回归模型。

（2）计算测试集上的模型精度。

模块 5 基于决策树的分类预测

决策树（Decision Tree）的应用范围非常广泛，比如，金融行业可以用决策树进行贷款风险评估，医疗行业可以用决策树进行辅助诊断，电商行业可以用决策树对销售额进行预测等。决策树代表的是属性与属性值之间的一种映射关系，决策树中的每个节点都表示一个属性，每个分叉路径都代表一个属性值，从根节点到叶节点所经历的一条路径对应一个判定测试序列。本模块基于 3 个分类预测任务：电脑购买情况预测、泰坦尼克号幸存乘客预测和降雨预测来加深对任务实施过程中涉及的方法的理解，掌握完成基于决策树的分类预测任务的编程技能。

技 能 要 求

（1）掌握将 CSV 文件读入 DataFrame 对象的方法。

（2）能够使用 describe()、info() 方法查看特征统计值。

（3）能够使用直方图、累积直方图、饼图、圆环图、折线图可视化特征的空间分布。

（4）掌握数据交叉频数表的制作方法。

（5）掌握 DataFrame 的分组平均值统计方法。

（6）能够使用 train_test_split ()方法切分数据集。

（7）掌握训练决策树模型的方法。

（8）掌握用于计算预测准确率的 score()方法。

（9）掌握数据降维的方法。

（10）掌握决策树中关于特征重要程度的排序方法。

学 习 导 览

本模块的学习导览图如图 5-1 所示。

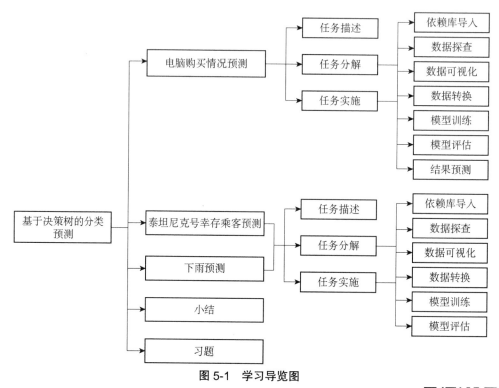

图 5-1　学习导览图

5.1　电脑购买情况预测

5.1.1　任务描述

5.1　电脑购买情况预测

　　数据集 buy_computer.csv 记录了是否购买电脑的 14 条用户记录，每条记录包含 4 个特征，应用决策树归纳出分类规则，分析用户的购买行为，比如，收入高的用户倾向于购买电脑。在经过决策树的分类学习后，可以根据 4 个特征判断用户是否购买电脑。该数据集详细的字段描述如表 5-1 所示。

表 5-1　数据集 buy_computer.csv 详细的字段描述

字段	类型	是否允许为空	是否有标签	例子
年龄	int	否	否	1
收入	int	否	否	2
学生	int	否	否	0
信用级别	int	否	否	1
是否购买	int	否	是	0

注：
1. 在"年龄"中，0 表示 Youth，1 表示 Middle，2 表示 Senior。
2. 在"收入"中，1 表示 Medium，2 表示 High。
3. 在"学生"中，0 表示 No，1 表示 Yes。
4. 在"信用级别"中，0 表示 Fair，1 表示 Excellent。
5. 在"是否购买"中，0 表示 No，1 表示 Yes。

任务目标：

（1）在数据探查时，将用户分为购买的和不购买的 2 类，分别统计数据分布。

（2）通过"年龄""收入""学生""信用级别"来预测用户是否购买电脑。

（3）计算模型的预测准确率。

（4）利用构建的决策树模型，预测当"年龄""收入""学生""信用级别"的值分别为 2、2、1、1 的结果。

5.1.2　任务分解

分析数据分布，构建决策树模型，使用该模型预测结果，计算预测准确率。本任务可分解成 7 个子任务：依赖库导入；数据探查；数据可视化；数据转换；模型训练；模型评估；结果预测。

1. 子任务 1：依赖库导入

本任务依赖的第三方库有 Pandas、Matplotlib、sklearn 等，可通过 import 命令导入。

2. 子任务 2：数据探查

先使用 Pandas 把 buy_computer.csv 读入 DataFrame 对象，然后查看数据分布、特征与标签的关系等。

3. 子任务 3：数据可视化

使用 Matplotlib 以直方图、饼图可视化特征的空间分布。

4. 子任务 4：数据转换

将 Pandas 类型转换为 sklearn 能处理的 NumPy 类型。

5. 子任务 5：模型训练

先构建决策树模型（将 5.1 节使用的决策树模型简称模型），然后在已知样本上训练。

6. 子任务 6：模型评估

使用根据测试集预测得到的标签，跟真实标签比较，计算预测准确率。

7. 子任务 7：结果预测

根据现有数据预测结果。

5.1.3　任务实施

根据任务分解可知，程序有 7 个 2 级标题，分别对应 7 个子任务。

1. 依赖库导入

步骤 1：定义 2 级标题。

```
## <font color="black"> 依赖库导入 </font>
```

运行结果如下：

依赖库导入

步骤 2：依赖库导入。

```
import pandas as pd
import matplotlib as mpl
import matplotlib.pyplot as plt
from sklearn import model_selection
from sklearn.tree import DecisionTreeClassifier
```

2. 数据探查

将数据集读入 DataFrame 对象后，观察特征和标签的关系。

步骤 1：定义 2 级标题。

```
## <font color="black"> 数据探查</font>
```

运行结果如下：

数据探查

步骤 2：将数据集读入 DataFrame 对象。

```
df = pd.read_csv('../data/buy_computer.csv')
df.head()
```

运行结果如下：

	年龄	收入	学生	信用级别	是否购买
0	1	1	0	0	0
1	1	1	0	1	0
2	2	1	0	0	1
3	0	2	0	0	1
4	0	1	1	0	1

步骤 3：查看数据信息。

```
df.info()
```

运行结果如下：

```
<class 'pandas.core.frame.DataFrame'>
RangeIndex: 14 entries, 0 to 13
Data columns (total 5 columns):
 #   Column    Non-Null Count  Dtype
---  ------    --------------  -----
 0   年龄        14 non-null     int64
 1   收入        14 non-null     int64
 2   学生        14 non-null     int64
 3   信用级别      14 non-null     int64
 4   是否购买      14 non-null     int64
dtypes: int64(5)
memory usage: 688.0 bytes
```

步骤 4：重构"是否购买"字段值，将"0"转换为"No"，将"1"转换为"Yes"。其他字段的值对照表 5-1 进行重构。

```
df_new = df.copy()
df_new['年龄'] = df_new['年龄'].replace({0:'Youth',1:'Middle',2:'Senior'})
df_new['收入'] = df_new['收入'].replace({1:'Medium',2:'High'})
df_new['学生'] = df_new['学生'].replace({0:'No',1:'Yes'})
df_new['信用级别'] = df_new['信用级别'].replace({0:'Fair',1:'Excellent'})
df_new['是否购买'] = df_new['是否购买'].replace({0:'No',1:'Yes'})
df_new.head()
```

运行结果如下：

	年龄	收入	学生	信用级别	是否购买
0	Middle	Medium	No	Fair	No
1	Middle	Medium	No	Excellent	No
2	Senior	Medium	No	Fair	Yes
3	Youth	High	No	Fair	Yes
4	Youth	Medium	Yes	Fair	Yes

步骤 5："是否购买"频数统计。

```
buy_count = df_new['是否购买'].value_counts()
buy_count
```

运行结果如下：

```
是否购买
Yes    9
No     5
Name: count, dtype: int64
```

步骤 6：数据交叉频数统计。

```
cols = df_new.columns
x = cols[-1]
ys = cols[0:-1].to_list()
for y in ys:
    result = pd.crosstab(df_new[x],df_new[y],margins=True)
    print(result)
    print("-"*30)
```

运行结果如下：

```
年龄      Senior  Youth  Middle  All
是否购买
No           0      2       3    5
Yes          4      3       2    9
All          4      5       5   14
------------------------------
收入       0  Medium  High  All
是否购买
No        1       4     0    5
Yes       0       4     5    9
All       1       8     5   14
------------------------------
```

```
学生        No   Yes   All
是否购买
No          4    1     5
Yes         3    6     9
All         7    7     14
------------------------------
信用级别    Excellent  Fair  All
是否购买
No                3    2     5
Yes               3    6     9
All               6    8     14
------------------------------
```

> ┈▶ **知识专栏**   **数据交叉频数表**
>
>   交叉透视分析是数据分析常用的方法之一，通过交叉透视分析可以判断不同特征之间是否存在联系。数据交叉频数表是一种用于计算分组频率的表格，可统计行字段与列字段交叉出现的频数。Pandas 提供了 crosstab () 函数，用于制作数据交叉频数表，具体用法可以参考 pd.crosstab(index,columns,margins) 函数。

3. 数据可视化

步骤 1：定义 2 级标题。

<font color="black"> 数据可视化 </font>

运行结果如下：

数据可视化

步骤 2：使 Matplotlib 支持中文字符。

mpl.rcParams['font.sans-serif']=['SimHei']

步骤 3：利用直方图分析"是否购买"的分布趋势。

```
plt.figure(figsize=(4,4))
plt.bar(x=buy_count.index,height=buy_count,color='skyblue',edgecolor='darkorange',width=0.3)
plt.title("是否购买电脑的统计结果",color='r',size=15)
plt.show()
```

运行结果如下：

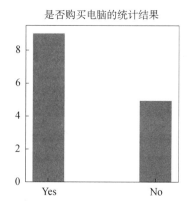

从运行结果可以看出，购买电脑的用户多于不购买电脑的用户。

步骤4：利用饼图分析用户是否购买电脑的规律。

```python
fig,axes = plt.subplots(2,4)
plt.rcParams['figure.figsize']=[10,10]
# 分离出购买电脑和不购买电脑的样本
df_Yes = df_new.loc[df_new['是否购买']=='Yes']
df_No = df_new.loc[df_new['是否购买']=='No']
# 绘制第一行的饼图，即购买电脑的特征分类信息统计图
for i,y in zip(range(4),ys):
    Yes_result = df_Yes[y].value_counts()
    ax = axes[0,i]
    ax.pie(x=Yes_result,labels=Yes_result.index)
    ax.set_title("购买：%s"%y,color='r',size=12)
# 绘制第二行的饼图，即不购买电脑的特征分类信息统计图
for i,y in zip(range(4),ys):
    No_result = df_No[y].value_counts()
    ax = axes[1,i]
    ax.pie(x=No_result,labels=No_result.index)
    ax.set_title("不购买：%s"%y,color='r',size=12)
```

运行结果如下：

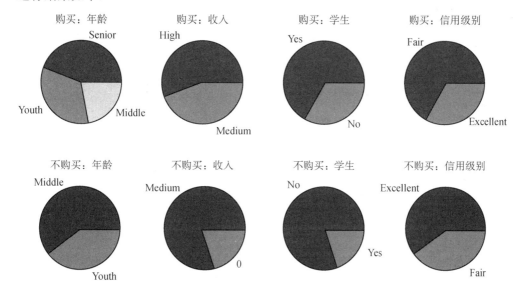

4．数据转换

步骤1：定义2级标题。

```
## <font color="black"> 数据转换 </font>
```

运行结果如下：

数据转换

步骤2：切分特征和标签。

```python
X = df.iloc[:, 0:-1].values
y = df.iloc[:, -1]
```

5. 模型训练

在构建模型（即决策树模型）后，先切分训练集和测试集，再在特征 X 和标签 y 上进行训练。

步骤 1：定义 2 级标题。

<font color="black"> 模型训练 </font>

运行结果如下：

模型训练

步骤 2：切分训练集和测试集。

```
X_train, X_test, y_train, y_test = model_selection.train_test_split(X, y, random_state=4, test_size=0.2)
X_train.shape, X_test.shape
```

运行结果如下：

$$((11, 4), (3, 4))$$

可以看出，训练集包括 11 条记录，测试集包括 3 条记录。

步骤 3：根据拟合指标（R2），确定树的深度。

```
scores = []
for i in range(1,10):
    dt_model = DecisionTreeClassifier(max_depth = 1+i,criterion="entropy",random_state = 4)
    dt_model.fit(X_train,y_train)
    score = dt_model.score(X_train,y_train)
    scores.append(score)
plt.figure(figsize = (4,4))
plt.plot(range(2,11),scores,color = 'r')
plt.xlabel("树的深度")
plt.ylabel("R2")
plt.show()
```

运行结果如下：

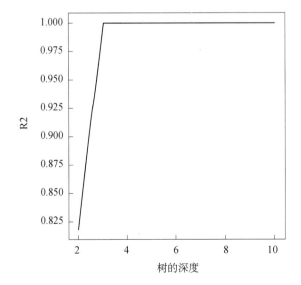

　　决策树属于监督学习算法的一种，根据原始输入数据构建一个树状模型来进行分类。输入的数据的每一个特征都被作为决策树中的一个节点，先根据其取值的不同，切分为不同的分支，再根据各个特征的取值和这个树状模型来解释每一个样本的分类情况。决策树的解释性非常强，它可以被看作一连串的 if-else 语句，根据该语句可以轻松预测一个新的样本。决策树的输入和输出都比较直观，核心就在于构建合适的模型。

　　决策树是常被用于研究类别归属和关系预测的模型，比如，是否抽烟、是否喝酒、年龄、体重，这 4 个特征可能会影响是否患癌症的预测结果，这 4 个特征即自变量（影响因素），"是否患癌症"被称为标签，即因变量（被影响项）。

　　在使用决策树时，首先对年龄进行切分，比如，年龄大于 70 岁的更可能被归类为"患癌症"；然后对体重进行切分，比如，大于 50 公斤的更可能被归类为"患癌症"，依次循环，在特征之间进行逻辑组合后（比如，年龄大于 70 岁、体重大于 50 公斤），会对应是否患癌症这个标签。

　　决策树的分类预测函数为 tree.DecisionTreeClassifier()，具体使用方法如下：

```
tree.DecisionTreeClassifier (criterion, max_depth, random_state, presort)
```

　　参数说明：

　　criterion：节点划分质量的度量标准，默认为基尼系数"gini"，基尼系数是 CART 算法采用的度量标准，该参数还可以设置为信息增益"entropy"，信息增益是 C4.5 算法采用的度量标准。

　　max_depth：决策树的最大深度，默认为 None，表示不对决策树的最大深度作约束，直至每个叶子节点上的样本均属于同一类别，也可以为其指定一个整型数值。在样本的数据量较大时，可通过设置该参数来提前结束决策树的生长，改善过拟合问题。

　　random_state：当将 splitter 设置为"random"时，可以通过该参数设置随机种子号，默认为 None，表示使用 np.random 产生的随机种子号。

　　presort：对训练集进行预排序，默认为 False。当训练集较大时，预排序会降低决策树的构建速度，因此不推荐使用；当训练集较小或者要限制决策树的深度时，预排序能提升决策树的构建速度。

　　步骤 4：训练模型。

```
dt_model = DecisionTreeClassifier(max_depth=3,criterion="entropy",random_state=4)
dt_model.fit(X_train,y_train)
```

运行结果如下：

▾ DecisionTreeClassifier
DecisionTreeClassifier(criterion='entropy', max_depth=4, random_state=4)

6. 模型评估

　　在训练模型后，需要对模型进行评估，可使用 score() 方法返回预测准确率，通过数据的变化表征预测准确率，其正常取值范围为[0,1]，数值越接近 1，表明预测准确率越高。

步骤 1：定义 2 级标题。

<font color="black"> 模型评估 </font>

运行结果如下：

模型评估

步骤 2：计算预测准确率。

```
R2 = dt_model.score(X_test,y_test)
print("预测准确率=%.2f%%"%(R2*100))
```

运行结果如下：

预测准确率=66.67%

因为数据集的数据量较小，导致预测准确率偏低。

7. 结果预测

步骤 1：定义 2 级标题。

<font color="black"> 结果预测 </font>

运行结果如下：

结果预测

步骤 2：根据特征进行预测。

```
label_names = ["不买电脑", "买电脑"]
age,income,student,credit = 2,2,1,1
test_data = [[age,income,student,credit]]
y_pred = dt_model.predict(test_data)
result = label_names[y_pred[0]]
print("预测结果为: %s"%(result))
```

运行结果如下：

预测结果为：买电脑

5.2　泰坦尼克号幸存乘客预测

5.2.1　任务描述

5.2　泰坦尼克号幸存乘客预测

　　泰坦尼克号是历史上最著名的沉船之一，它在首次航行中与冰山相撞、沉没，造成了 1500 余人死亡，而造成海难的原因之一是乘客没有足够的救生艇，这场海难震惊了国际社会，并让船舶行业制定了安全的规定。

　　有些乘客比其他乘客更容易幸存，例如，妇女、儿童和上流社会人员，针对这个案例分析哪些乘客更有可能幸存。

　　数据集 titanic.csv 是一个关于泰坦尼克号幸存乘客的数据集，请通过这个数据集构建决策树模型，并预测幸存乘客。该数据集详细的字段描述如表 5-2 所示。

表 5-2　数据集 titanic.csv 详细的字段描述

字段	类型	是否允许为空	是否有标签	例子
PassengerId（乘客编号）	int	否	否	1
Name（乘客姓名）	str	否	否	Braund，Mr.Owen Harris
Pclass（船票级别）	int	否	否	3
Sex（性别）	int	否	否	1
Age（年龄）	int	是	否	22
SibSp（乘客兄妹/配偶个数）	int	否	否	1
Parch（乘客父母/子女个数）	int	否	否	0
Ticket（船票号码）	str	否	否	A/5 21171
Fare（船票价格）	float	否	否	7.25
Cabin（船舱号）	str	是	否	C85
Embarked（登船港口）	str	是	否	S
Survived（是否幸存）	int	否	是	0

任务目标：

（1）在数据探查时，将乘客分为幸存者和死亡者，分别统计数据分布。

（2）通过乘客的船票级别、性别、年龄、乘客兄妹/配偶个数等，预测该乘客是否能幸存。

（3）计算构建的模型的预测准确率。

5.2.2　任务分解

从探查数据开始分析数据分布，根据特征构建决策树模型，并预测结果，计算预测准确率。本任务可分解成 6 个子任务：依赖库导入；数据探查；数据可视化；数据转换；模型训练；模型评估。

1. 子任务 1：依赖库导入

本任务依赖的第三方库有 Pandas、Matplotlib、sklearn 等，可通过 import 命令导入。

2. 子任务 2：数据探查

先使用 Pandas 把 titanic.csv 读入 DataFrame 对象，然后查看数据分布、特征和标签的关系等。

3. 子任务 3：数据可视化

使用 Matplotlib 以饼图、直方图可视化特征的空间分布。

4. 子任务 4：数据转换

将 Pandas 类型转换为 sklearn 能处理的 NumPy 类型。

5. 子任务 5：模型训练

先构建模型（决策树模型），然后在训练集上训练该模型，并在验证集上评估其精度。

6. 子任务 6：模型评估

使用根据测试集预测的标签与真实标签比较，计算预测准确率。

5.2.3 任务实施

根据任务分解可知，程序有 6 个 2 级标题，分别对应 6 个子任务。

1. 依赖库导入

步骤 1：定义 2 级标题。

```
## <font color="black"> 依赖库导入 </font>
```

运行结果如下：

依赖库导入

步骤 2：依赖库导入。

```
import pandas as pd
import matplotlib as mpl
import matplotlib.pyplot as plt
from sklearn import model_selection
from sklearn.tree import DecisionTreeClassifier
```

2. 数据探查

步骤 1：定义 2 级标题。

```
## <font color="black"> 数据探查</font>
```

运行结果如下：

数据探查

步骤 2：将数据集读入 DataFrame 对象。

```
df = pd.read_csv("../data/titanic.csv")
df.head()
```

运行结果如下：

	PassengerId	Name	Pclass	Sex	Age	SibSp	Parch	Ticket	Fare	Cabin	Embarked	Survived
0	1	Braund, Mr. Owen Harris	3	1	22.0	1	0	A/5 21171	7.2500	NaN	S	0
1	2	Cumings, Mrs. John Bradley (Florence Briggs Th...	1	0	38.0	1	0	PC 17599	71.2833	C85	C	1
2	3	Heikkinen, Miss. Laina	3	0	26.0	0	0	STON/O2. 3101282	7.9250	NaN	S	1
3	4	Futrelle, Mrs. Jacques Heath (Lily May Peel)	1	0	35.0	1	0	113803	53.1000	C123	S	1
4	5	Allen, Mr. William Henry	3	1	35.0	0	0	373450	8.0500	NaN	S	0

步骤 3：空值统计。

```
null_result = df.isnull().sum()
null_result
```

运行结果如下：

```
PassengerId      0
Survived         0
Pclass           0
Name             0
Sex              0
Age            177
SibSp            0
Parch            0
Ticket           0
Fare             0
Cabin          687
Embarked         2
dtype: int64
```

可以看出，Age、Cabin、Embarked 有空值。

步骤 4：空值比例计算。

```
Age_null_per = null_result['Age']/df.shape[0]
print(""年龄"字段缺失率 = %.2f%%"%(Age_null_per*100))
Cabin_null_per = null_result['Cabin']/df.shape[0]
print(""船舱号"字段缺失率 = %.2f%%"%(Cabin_null_per*100))
Embarked_null_per = null_result['Embarked']/df.shape[0]
print(""登船港口"字段缺失率 = %.2f%%"%(Embarked_null_per*100))
```

运行结果如下：

```
"年龄"字段缺失率 =19.87%
"船舱号"字段缺失率 =77.10%
"登船港口"字段缺失率 =0.22%
```

步骤 5：空值填充。

```
Age_null_fill = df['Age'].mode()[0]
Cabin_null_fill = df['Cabin'].mode()[0]
Embarked_null_fill = df['Embarked'].mode()[0]
df['Age'].fillna(Age_null_fill,inplace=True)
df['Cabin'].fillna(Cabin_null_fill,inplace=True)
df['Embarked'].fillna(Embarked_null_fill,inplace=True)
null_result = df.isnull().sum()
null_result
```

运行结果如下：

```
PassengerId      0
Name             0
Pclass           0
Sex              0
Age              0
SibSp            0
Parch            0
Ticket           0
Fare             0
Cabin            0
Embarked         0
Survived         0
dtype: int64
```

从运行结果可以看出，所有字段都没有空值存在。

> **⋯》知识专栏   众数填充**
>
> 　　众数是指在分布上具有明显集中趋势的数据，代表所有数据的一般水平。众数也是一组数据中出现次数最多的数据，有时在一组数据中有好几个众数。如果一组数据是数值型数据，如销售金额、销售数量等，则可以用平均值、众数或中位数进行填充。但如果一组数据是字符型数据，如性别、城市等，就可以用众数进行填充。

步骤 6：重构"是否幸存"等字段。

```
df_new = df.copy()
df_new['Pclass'] = df_new['Pclass'].replace({1:'头等票',2:'二等票',3:'三等票'})
df_new['Sex'] = df_new['Sex'].replace({0:'女',1:'男'})
df_new['Survived'] = df_new['Survived'].replace({0:'死亡',1:'幸存'})
df_new.head()
```

运行结果如下：

	PassengerId	Name	Pclass	Sex	Age	SibSp	Parch	Ticket	Fare	Cabin	Embarked	Survived
0	1	Braund, Mr. Owen Harris	三等票	男	22.0	1	0	A/5 21171	7.2500	B96 B98	S	死亡
1	2	Cumings, Mrs. John Bradley (Florence Briggs Th...	头等票	女	38.0	1	0	PC 17599	71.2833	C85	C	幸存
2	3	Heikkinen, Miss. Laina	三等票	女	26.0	0	0	STON/O2. 3101282	7.9250	B96 B98	S	幸存
3	4	Futrelle, Mrs. Jacques Heath (Lily May Peel)	头等票	女	35.0	1	0	113803	53.1000	C123	S	幸存
4	5	Allen, Mr. William Henry	三等票	男	35.0	0	0	373450	8.0500	B96 B98	S	死亡

步骤 7：统计幸存乘客的年龄分布。

先按年龄分段：少年（0～15 岁）、青年（16～40 岁）、中年（41～65 岁）、老年（66 岁以上），然后统计幸存乘客的年龄分布。

```
Sur = df_new.loc[df_new['Survived']=='幸存']
Age_max = df['Age'].max()
Age_cut = pd.cut(x = Sur['Age'],bins=[0,15,40,65,Age_max],labels=['少年','青年','中年','老年'])
Age_cut_count = Age_cut.value_counts()
print("幸存乘客的年龄分布：\n",Age_cut_count)
```

运行结果如下：

```
        幸存乘客的年龄分布：
         Age
        青年     238
        中年      54
        少年      49
        老年       1
        Name: count, dtype: int64
```

步骤 8：幸存乘客的性别、船票级别统计。

```
Sex_result = Sur['Sex'].value_counts()
print("幸存乘客的性别统计结果：\n",Sex_result)
print("-"*30)
Pclass_result = Sur['Pclass'].value_counts()
print("幸存乘客的船票级别统计结果：\n",Pclass_result)
```

运行结果如下：

```
幸存乘客的性别统计结果：
女     233
男     109
Name: Sex, dtype: int64
------------------------------
幸存乘客的船票级别统计结果：
头等票    136
三等票    119
二等票     87
Name: Pclass, dtype: int64
```

步骤 9：根据"乘客兄妹/配偶个数"分析乘客是幸存还是死亡的概率（以小数形式表示）。

```
cross_SibSp = pd.crosstab(df_new['Survived'],df_new['SibSp'],
                          normalize='columns').ilo[:,0:5]
print("根据"乘客兄妹/配偶个数"分析乘客是幸存还是死亡的概率（以小数形式表示）：\n",cross_SibSp)
```

运行结果如下：

```
根据"乘客兄妹/配偶个数"分析乘客是幸存还是死亡的概率（以小数形式表示）：
SibSp         0         1         2       3         4
Survived
死亡      0.654605  0.464115  0.535714  0.75  0.833333
幸存      0.345395  0.535885  0.464286  0.25  0.166667
```

步骤 10：根据"乘客父母/子女个数"分析乘客是幸存还是死亡的概率（以小数形式表示）。

```
cross_Parch = pd.crosstab(df_new['Survived'],df_new['Parch'],
                          normalize='columns').iloc[:,0:5]
print("根据"乘客父母/子女个数"分析乘客是幸存还是死亡的概率（以小数形式表示）：\n",cross_Parch)
```

运行结果如下：

```
"乘客父母/子女个数"分析乘客是幸存还是死亡的概率（以小数形式表示）：
Parch         0         1    2    3    4
Survived
死亡      0.656342  0.449153  0.5  0.4  1.0
幸存      0.343658  0.550847  0.5  0.6  0.0
```

3. 数据可视化

步骤 1：定义 2 级标题。

```
## <font color="black">数据可视化</font>
```

运行结果如下：

数据可视化

步骤 2：使 Matplotlib 支持中文字符。

```
mpl.rcParams['font.sans-serif']=['SimHei']
```

步骤 3：利用饼图显示幸存乘客的年龄分布。

```
plt.pie(x=age_cut_count,labels = age_cut_count.index,autopct = '%.1f%%',
        colors =['darkorange','lightgreen','skyblue'],explode=[0.1,0,0,0],radius=0.7)
plt.title("幸存乘客的年龄分布",color='r',size=15)
plt.show()
```

运行结果如下：

幸存乘客的年龄分布

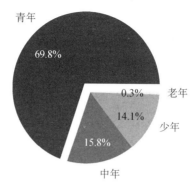

步骤4：利用直方图显示幸存乘客的性别、船票级别统计结果。

```
fig = plt.figure(figsize=(8,4))
ax1 = fig.add_subplot(121)
x = Sex_result.index
y = Sex_result
ax1.bar(x,y,width=0.2,color = 'skyblue')
ax1.set_title('幸存乘客的性别统计结果',color='r',size=10)
ax2 = fig.add_subplot(122)
x = Pclass_result.index
y = Pclass_result
ax2.bar(x,y,width=0.2,color = 'skyblue')
ax2.set_title('幸存乘客的船票级别统计结果',color='r',size=10)
plt.show()
```

运行结果如下：

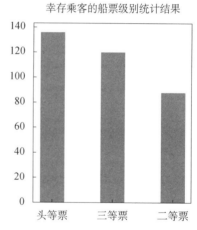

从运行结果可以看出，幸存乘客中女性人数多于男性人数，头等票人数多于三等票人数，三等票人数多于二等票人数。

步骤5：利用累积直方图显示根据"乘客兄妹/配偶个数""乘客父母/子女个数"得到乘客的存亡比较结果。这里用横轴表示"乘客兄妹/配偶个数""乘客父母/子女个数"，用纵轴表示存亡概率。

```
fig = plt.figure(figsize=(10,4))
ax1 = fig.add_subplot(121)
x = cross_SibSp.columns.to_list()
y1 = cross_SibSp.iloc[0,:]
y2 = cross_SibSp.iloc[1,:]
ax1.bar(x,y1,width=0.4,label='死亡',color='skyblue',edgecolor='grey')
ax1.bar(x,y2,width=0.4,bottom=y1,label='幸存',color='lightgreen',edgecolor='grey')
```

```
ax1.set_ylim([0,1.3])
ax1.set_xticks(x)
ax1.set_title(""乘客兄妹/配偶个数"存亡比较结果")
ax1.legend()

ax2 = fig.add_subplot(122)
x = cross_Parch.columns.to_list()
y1 = cross_Parch.iloc[0,:]
y2 = cross_Parch.iloc[1,:]
ax2.bar(x,y1,width=0.4,label='死亡',color='skyblue',edgecolor='grey')
ax2.bar(x,y2,width=0.4,bottom=y1,label='幸存',color='lightgreen',edgecolor='grey')
ax2.set_ylim([0,1.3])
ax2.set_xticks(x)
ax2.set_title(""乘客父母/子女个数"存亡比较结果")
ax2.legend()
```

运行结果如下：

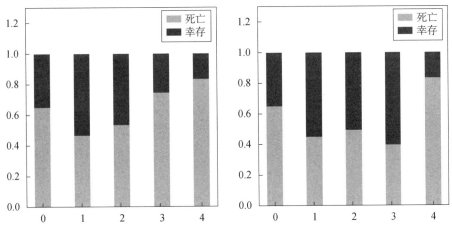

从运行结果可以看出，当"乘客兄妹/配偶个数"的值为 1 时，幸存的概率较高；当"乘客父母/子女个数"的值为 1 和 3 时，幸存的概率较高。在累积直方图中，幸存和死亡的概率和为 1，这里以幸存和死亡所占比例分别评估幸存和死亡的概率。

4. 数据转换

步骤 1：定义 2 级标题。

<font color="black"> 数据转换 </font>

运行结果如下：

数据转换

步骤 2：切分特征和标签。

```
X = df.iloc[:, 0:-1].values
y = df.iloc[:, -1]
cols_len = X.shape[1]
less_cols = list(range(cols_len))
for i in [0,1,7,9,10]:
    less_cols.remove(i)
X = X[:,less_cols]
X
```

运行结果如下：

```
array([[3, 1, 22.0, 1, 0, 7.25],
       [1, 0, 38.0, 1, 0, 71.2833],
       [3, 0, 26.0, 0, 0, 7.925],
       ...,
       [3, 0, 24.0, 1, 2, 23.45],
       [1, 1, 26.0, 0, 0, 30.0],
       [3, 1, 32.0, 0, 0, 7.75]], dtype=object)
```

5. 模型训练

先切分训练集和测试集，在构建模型（即决策树模型）后，再在特征 X 和标签 y 上训练。

步骤 1：定义 2 级标题。

```
## <font color="black"> 模型训练 </font>
```

运行结果如下：

模型训练

步骤 2：切分训练集和测试集。

```
X_train, X_test, y_train, y_test = model_selection.train_test_split(X, y, random_state=4, test_size=0.2)
X_train.shape, X_test.shape
```

运行结果如下：

```
((712, 6), (179, 6))
```

步骤 3：训练模型。

```
dt_model = DecisionTreeClassifier(criterion="entropy",max_depth=4,random_state=4)
dt_model.fit(X_train, y_train)
```

运行结果如下：

```
                    DecisionTreeClassifier
DecisionTreeClassifier(criterion='entropy', max_depth=4, random_state=4)
```

6. 模型评估

在模型训练后，需要对模型的训练效果进行评估，使用 score ()方法返回预测准确率，预测准确率的取值范围为[0,1]，取值越接近 1，表明模型的预测准确率越高。

步骤 1：定义 2 级标题。

```
## <font color="black"> 模型评估 </font>
```

运行结果如下：

模型评估

步骤 2：计算预测准确率。

```
R2 = dt_model.score(X_test,y_test)
print("预测准确率=%.2f%%"%(R2*100))
```

运行结果如下：

预测准确率=84.92%

5.3　下雨预测

5.3.1　任务描述

5.3　下雨预测

数据集 rainfall.csv 提供了与降雨相关的日照时间、风向、最强风的速度等数据，现需要根据这个数据集来预测是否下雨。该数据集详细的字段描述如表 5-3 所示。

表 5-3　数据集 rainfall.csv 详细的字段描述

字段	类型	是否允许为空	是否有标签	例子
MinTemp（最低温度）	float	否	否	17.5
MaxTemp（最高温度）	float	否	否	36
Rainfall（降雨量）	float	否	否	0.0
Evaporation（蒸发量）	float	否	否	8.8
Sunshine（日照时间）	float	否	否	7.508659218
WindGustDir（最强风的方向）	int	否	否	2
WindGustSpeed（最强风的速度）	float	否	否	26.0
WindDir9am（上午 9 点的风向）	int	否	否	6
WindDir3pm（下午 3 点的风向）	int	否	否	0
WindSpeed9am（上午 9 点的风速）	float	否	否	17.0
WindSpeed3pm（下午 3 点的风速）	float	否	否	15.0
Humidity9am（上午 9 点的湿度）	float	否	否	57.0
Humidity3pm（下午 3 点的湿度）	float	否	否	51.65199531
Pressure9am（上午 9 点的气压）	float	否	否	1016.8
Pressure3pm（下午 3 点的气压）	float	否	否	1012.2
Cloud9am（上午 9 点的云指数）	int	否	否	0
Cloud3pm（下午 3 点的云指数）	int	否	否	7
Temp9am（上午 9 点的温度）	float	否	否	27.5
Temp3pm（下午 3 点的温度）	float	否	否	21.71900321
RainTomorrow（明天是否下雨）	int	否	是	0

任务目标：

（1）在数据探查时，将数据分为"下雨"和"不下雨"，分别统计数据分布。

（2）构建训练集，通过数据缩放使数据处于大致相同的范围，方便模型构建。

（3）通过"最低温度""最高温度""降雨量""蒸发量"等来预测明天是否下雨。

（4）计算模型的预测准确率。

5.3.2　任务分解

探查数据，分析数据分布，根据特征构建决策树模型（5.3 节使用的模型都指此模型），并预测结果，计算预测准确率。本任务可分解成 6 个子任务：依赖库导入；数据探查；数据可视化；数据转换；模型训练；模型评估。

1. 子任务 1：依赖库导入

本任务依赖的第三方库有 Pandas、Matplotlib、sklearn 等，可通过 import 命令导入。

2. 子任务 2：数据探查

先使用 Pandas 把 rainfall.csv 读入 DataFrame 对象，然后查看数据分布、特征与标签的关系等。

3. 子任务 3：数据可视化

使用 Matplotlib 以圆环图、折线图可视化特征的空间分布。

4. 子任务 4：数据转换

将 Pandas 类型转换为 sklearn 能处理的 NumPy 类型。

5. 子任务 5：模型训练

先构建模型，然后在已知样本上训练该模型。

6. 子任务 6：模型评估

使用根据测试集预测的标签与真实标签比较，计算预测准确率。

5.3.3 任务实施

根据任务分解可知，程序有 6 个 2 级标题，分别对应 6 个子任务。

1. 依赖库导入

步骤 1：定义 2 级标题。

```
## <font color="black"> 依赖库导入 </font>
```

运行结果如下：

依赖库导入

步骤 2：依赖库导入。

```
import numpy as np
import pandas as pd
import matplotlib as mpl
import matplotlib.pyplot as plt
import seaborn as sns
from sklearn import model_selection
from sklearn.preprocessing import StandardScaler
from sklearn.tree import DecisionTreeClassifier,plot_tree
from sklearn.metrics import accuracy_score
```

2. 数据探查

步骤 1：定义 2 级标题。

```
## <font color="black"> 数据探查</font>
```

运行结果如下：

数据探查

步骤 2：将数据集读入 DataFrame 对象。

```
df=pd.read_csv("c:/data/rainfall.csv")
df.head()
```

运行结果（部分）如下：

	MinTemp	MaxTemp	Rainfall	Evaporation	Sunshine	WindGustDir	WindGustSpeed	WindDir9am	WindDir3pm	WindSpeed9am
0	17.5	36.0	0.0	8.800000	7.508659	2	26.000000	6	0	17.0
1	9.5	25.0	0.0	5.619163	7.508659	6	33.000000	4	6	7.0
2	13.0	22.6	0.0	3.800000	10.400000	13	39.858413	4	0	17.0
3	13.9	29.8	0.0	5.800000	5.100000	8	37.000000	3	8	11.0
4	6.0	23.5	0.0	2.800000	8.600000	5	24.000000	0	6	15.0

步骤 3：查看数据信息。

```
df.info()
```

运行结果如下：

```
<class 'pandas.core.frame.DataFrame'>
RangeIndex: 3500 entries, 0 to 3499
Data columns (total 20 columns):
 #   Column         Non-Null Count  Dtype
---  ------         --------------  -----
 0   MinTemp        3500 non-null   float64
 1   MaxTemp        3500 non-null   float64
 2   Rainfall       3500 non-null   float64
 3   Evaporation    3500 non-null   float64
 4   Sunshine       3500 non-null   float64
 5   WindGustDir    3500 non-null   int64
 6   WindGustSpeed  3500 non-null   float64
 7   WindDir9am     3500 non-null   int64
 8   WindDir3pm     3500 non-null   int64
 9   WindSpeed9am   3500 non-null   float64
 10  WindSpeed3pm   3500 non-null   float64
 11  Humidity9am    3500 non-null   float64
 12  Humidity3pm    3500 non-null   float64
 13  Pressure9am    3500 non-null   float64
 14  Pressure3pm    3500 non-null   float64
 15  Cloud9am       3500 non-null   int64
 16  Cloud3pm       3500 non-null   int64
 17  Temp9am        3500 non-null   float64
 18  Temp3pm        3500 non-null   float64
 19  RainTomorrow   3500 non-null   int64
dtypes: float64(14), int64(6)
memory usage: 547.0 KB
```

根据运行结果可以看出，所有数据均是数值类型的，但有的是整数型的，还有的是浮点型的。

步骤 4：将"下雨"和"不下雨"的数据类型转换成字符型。

```
df['RainTomorrow'] = df['RainTomorrow'].replace({0:'不下雨',1:'下雨'})
df['RainTomorrow'].head()
```

运行结果如下：

```
0    不下雨
1    不下雨
2    不下雨
3    下雨
4    不下雨
Name: RainTomorrow, dtype: object
```

步骤 5："下雨"和"不下雨"的频数统计。

```
RainTomorrow_count = df['RainTomorrow'].value_counts()
RainTomorrow_count
```

运行结果如下：

```
RainTomorrow
不下雨    2704
下雨      796
Name: count, dtype: int64
```

可以看出，不下雨的天数多于下雨的天数。

步骤 6："下雨"和"不下雨"的最低温度、最高温度、日照时间、蒸发量、最强风的速度的统计（注意：在代码中用字段的英文名称进行操作，以便体现代码美观性，可对照表 5-3 进行理解）。

```
group_result = df.groupby(by='RainTomorrow')[['MinTemp','MaxTemp','Sunshine','Evaporation','WindGustSpeed']].mean()
group_result
```

运行结果如下：

RainTomorrow	MinTemp	MaxTemp	Sunshine	Evaporation	WindGustSpeed
下雨	13.235933	21.087118	6.020781	5.170305	45.358674
不下雨	11.928238	23.880938	7.946659	5.751297	38.239253

3. 数据可视化

步骤 1：定义 2 级标题。

```
## <font color="black"> 数据可视化 </font>
```

运行结果如下：

数据可视化

步骤 2：使 Matplotlib 支持中文字符。

```
mpl.rcParams['font.sans-serif']=['SimHei']
```

步骤 3：利用圆环图统计是否下雨的特征分布。

```
plt.pie(x=RainTomorrow_count,labels=RainTomorrow_count.index,autopct='%.1f%%',
        colors=['darkorange','lightgreen'],radius=0.7)
plt.pie(x=[1],colors='w',radius=0.5)
plt.title("是否下雨的特征分布统计",color='r',size=15)
plt.show()
```

运行结果如下：

步骤 4：利用折线图比较"下雨"与"不下雨"的最低温度、最高温度、日照时间、蒸发量、最强风的速度的统计结果。

```
x = group_result.columns.to_list()
y1 = group_result.iloc[0,:]
y2 = group_result.iloc[1,:]
plt.plot(x,y1,color='r',linestyle='--',label='下雨')
plt.plot(x,y2,color='b',linestyle='-',label='不下雨')
plt.legend()
plt.show()
```

运行结果如下：

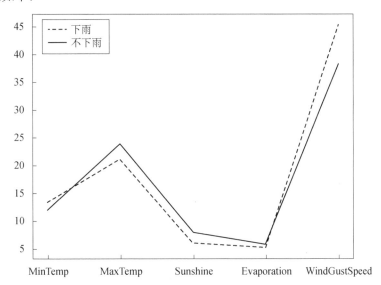

4．数据转换

步骤 1：定义 2 级标题。

<font color="black"> 数据转换 </font>

运行结果如下：

数据转换

步骤 2：切分特征和标签。

```
X = df.iloc[:, 0:-1].values
y = df.iloc[:, -1]
```

5．模型训练

先切分训练集和测试集，在构建模型（即决策树模型）后，再在特征 X 和标签 y 上训练模型。

步骤 1：定义 2 级标题。

<font color="black"> 模型训练 </font>

运行结果如下：

模型训练

步骤 2：切分训练集和测试集。

```
X_train, X_test, y_train, y_test = model_selection.train_test_split(X, y, random_state=4, test_size=0.2)
X_train.shape, X_test.shape
```

运行结果如下：

$$((2800, 19), (700, 19))$$

可以看出，训练集包括 2800 条数据，测试集包括 700 条数据。

步骤 3：数据缩放。

```
sc = StandardScaler()
X_train = sc.fit_transform(X_train)
X_test = sc.fit_transform(X_test)
X_train[:5]
```

运行结果如下：

```
array([[-1.04543309, -1.9094549 , -0.31847952, -1.23539064, -2.75826055,
        -0.63956449, -0.07547807, -0.88620379, -1.02748223,  0.55408141,
         0.03822275,  0.58943649,  2.31504368, -0.71013991, -0.47285235,
         0.60106336,  0.60573676, -1.46190588, -2.08171537],
       [-0.63897905, -0.7158176 , -0.31847952, -0.80078797, -0.07345719,
         1.06980725, -0.76847615,  1.53959401,  0.47821135,  0.66866458,
         0.03822275, -0.32774909,  0.45934607,  1.92293534,  2.02949728,
        -0.97549628, -0.23702743, -0.70236512, -0.67754475],
       [-0.6546119 , -0.02981915, -0.31847952, -0.98704626,  1.25055542,
        -1.06690742, -0.07547807, -0.44514965, -1.02748223,  0.32491506,
         0.15375788, -0.70541374, -0.61500518,  1.00061519,  0.54000345,
        -1.7637761 ,  0.60573676, -0.03396925,  0.11673358],
       [-1.85834118, -1.38809608, -0.31847952,  0.01228001,  0.00328376,
        -1.06690742, -1.53847402, -0.88620379, -0.38218498, -1.62299889,
        -1.46373388,  1.50662207,  0.8988534 ,  0.00719711,  0.00781877,
        -1.36963619,  1.02711886, -1.85686708, -1.28743704],
       [-0.24815786,  0.20342032, -0.31847952,  0.01228001,  0.00328376,
        -0.85323595, -1.53847402, -0.88620379, -0.59728406, -1.62299889,
        -1.1171285 ,  0.85919696,  0.01983874,  0.92623454,  0.86769209,
         0.60106336,  0.60573676, -0.03396925,  0.28693608]])
```

步骤 4：训练模型。

```
dt_model = DecisionTreeClassifier(criterion='entropy',random_state = 42)
dt_model.fit(X_train, y_train)
```

运行结果如下：

▼ DecisionTreeClassifier
DecisionTreeClassifier(criterion='entropy', random_state=42)

6. 模型评估

在模型训练后，需要对模型的训练效果进行评估，使用 score ()方法返回预测准确率，预测准确率的取值范围为[0,1]，取值越接近 1，表明模型的预测准确率越高。

步骤 1：定义 2 级标题。

```
## <font color="black"> 模型评估 </font>
```

运行结果如下：

模型评估

步骤 2：计算预测准确率。

```
R2 = dt_model.score(X_test,y_test)
print("预测准确率=%.2f%%"%(R2*100))
```

运行结果如下：

预测准确率=82.71%

步骤 3：分析特征重要性。

```
model_feature_importance = pd.DataFrame({
    'Feature':df.columns[0:-1],
    'Importance':dt_model.feature_importances_}).sort_values(by='Importance',ascending=False)
model_feature_importance
```

运行结果如下：

	Feature	Importance
12	Humidity3pm	0.675529
2	Rainfall	0.102934
14	Pressure3pm	0.065665
6	WindGustSpeed	0.050136
0	MinTemp	0.049662
15	Cloud9am	0.036658
16	Cloud3pm	0.010989
11	Humidity9am	0.008427
17	Temp9am	0.000000
13	Pressure9am	0.000000
9	WindSpeed9am	0.000000
10	WindSpeed3pm	0.000000
1	MaxTemp	0.000000
8	WindDir3pm	0.000000
7	WindDir9am	0.000000
5	WindGustDir	0.000000
4	Sunshine	0.000000
3	Evaporation	0.000000

步骤 4：通过条形图可视化特征重要性（注：Feature Importance 为特征重要性、Importance 为重要性，Feature 为特征）。

```
sns.barplot(data=model_feature_importance,x='Importance',y='Feature')
plt.title('Feature Importance')
```

运行结果如下：

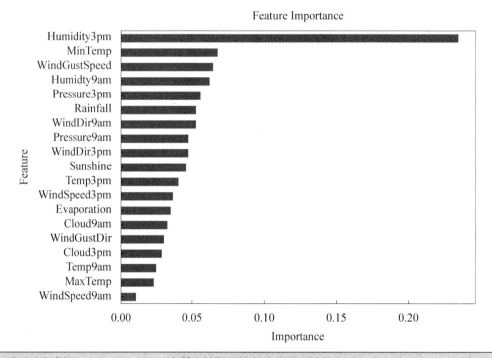

小　　结

（1）空值可以用平均值或中位数替换。

（2）数据交叉频数表可用来分析不同特征之间的关系。

（3）在绘制多特征分析图表时，可以用多子图。

（4）在分析特征重要性时，可以通过条形图进行分析。

（5）决策树的最大深度经常影响决策树模型的性能，需要在一定范围内查找最优参数。

习　　题

一、选择题

1. 在 Pandas 中，用于统计数据频数的函数是（　　　）。

A. mean()　　　　　　B. mode()　　　　　　C. value_counts()　　　D. median()

2. 在绘制直方图时，表示 x 轴的高度的参数是（　　　）。

A. x　　　　　　　　B. height　　　　　　C. label　　　　　　　D. color

3. 代码 df.isnull(　).sum()表示（　　　）。

A. 统计 df 每行数据的和　　　　　　　　B. 统计 df 每列数据的和

C. 统计 df 每行数据中的空值　　　　　　D. 统计 df 每列数据中的空值

4. 代码 df.shape[0]表示（　　　）。

A. df 的行数　　　　B. df 的列数　　　　C. df 的元素个数　　　D. df 各列的列名

5. 在构建决策树模型 dt_model 后，可用 dt_model_feature_important_表示 dt_model 的（　　　）。

A. 预测值　　　　　B. 预测准确率　　　　C. 特征重要性　　　　D. 切分训练集和测试集

二、填空题

1. 在 Pandas 中制作数据交叉频数表，可使用函数（　　　）。

2. 在 Pandas 中，用于替换的函数是（　　　）。

3. 在训练决策树模型时，设置最大深度的参数是（　　　）。

三、编程题

数据集 passexam.csv 包含期末考试前一周的学生行为样本，有 3 种行为：打游戏、通宵聊天、学习，标签为期末考试是否及格（0：及格，1：不及格）。请完成下列任务：

（1）用"通宵聊天"行为的中位数填充该列的缺失值。

（2）切分 80%的数据构建训练集，20%的数据构建测试集，构建决策树模型。

（3）计算测试集上的决策树模型精度。

（4）预测学生打游戏、通宵聊天，但不学习，会不会不及格。

模块 6　基于贝叶斯模型的分类预测

贝叶斯（Bayes）在众多分类预测任务中具有重要作用，是属于统计学分类范畴的一种非规则的分类方法。贝叶斯理论通过对已分类的样本子集进行训练，利用训练得到的分类器实现对未分类数据的分类。贝叶斯分类模型是建立在经典的贝叶斯理论基础之上的分类模型，可直接学习特征与输出之间的联合分布概率，求取特征与输出之间的分布。本模块包括3个分类预测任务：恶性肿瘤预测演示了使用贝叶斯分类模型从数据中构建模型和预测结果的过程，垃圾邮件预测和广告短信预测介绍了任务实施过程中涉及的方法。

技 能 要 求

（1）掌握将 CSV 文件读入 DataFrame 对象的方法。

（2）掌握使用 info ()方法查看特征统计值的方法。

（3）掌握通过条形图、密度图矩阵、热力图可视化数据分布。

（4）掌握文本向量化的方法。

（5）掌握生成切词计数矩阵的方法。

（6）掌握使用 train_test_split ()方法切分数据集的方法。

（7）掌握训练贝叶斯分类模型的方法。

（8）掌握计算预测准确率的方法 score()。

学 习 导 览

本模块的学习导览图如图 6-1 所示。

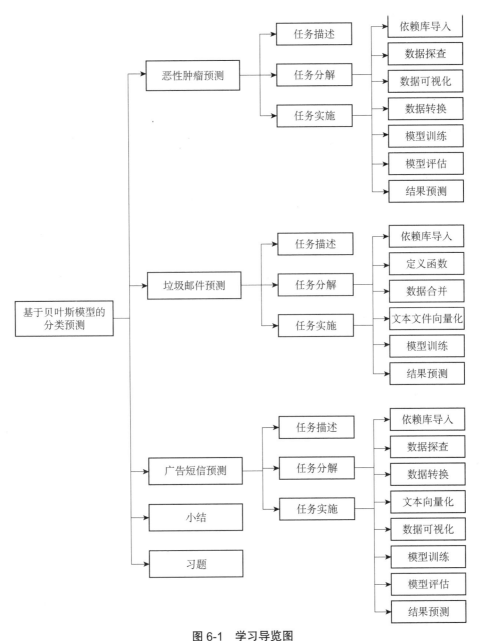

图 6-1 学习导览图

6.1 恶性肿瘤预测

6.1.1 任务描述

6.1 恶性肿瘤预测

数据集 breast-cancer-uci.data 记录了影响恶性肿瘤的 10 特征及其信息。本任务将应用贝叶斯分类模型归纳出分类规则，分析特征的相关影响及关系，判断患者是否患有恶性肿瘤。该数据集详细的字段描述如表 6-1 所示。

表 6-1   数据集 breast-cancer-uci.data 详细的字段描述

字段	类型	是否允许为空	是否有标签	例子
编号	int	否	否	1171845
团块厚度	int	否	否	8
细胞大小均匀性	int	否	否	6
细胞形状均匀性	int	否	否	4
边缘附着力	int	否	否	3
单层上皮细胞大小	int	否	否	5
裸核	str	是	否	9
乏味染色质	int	否	否	3
正常核仁	int	否	否	1
线粒体	int	否	否	1
类别	int	否	是	4

注：

1. "团块厚度""细胞大小均匀性""细胞形状均匀性""边缘附着力""单层上皮细胞大小""裸核""乏味染色质""正常核仁""线粒体"的取值范围均为 1～10。

2. "类别"中，2 表示良性，4 表示恶性。

任务目标：

（1）在数据探查时，将类别分为良性和恶性，分别统计数据分布。

（2）通过团块厚度、细胞大小均匀性、细胞形状均匀性、边缘附着力等，预测患者是否会患有恶性肿瘤。

（3）计算模型的预测准确率。

（4）当"团块厚度""细胞大小均匀性""细胞形状均匀性""边缘附着力""单层上皮细胞大小""裸核""乏味染色质""正常核仁""线粒体"取值分别为 10、10、10、8、6、8、7、10、1 时，预测患者的肿瘤是良性的，还是恶性的。

6.1.2 任务分解

从探查数据开始分析数据分布，根据特征构建贝叶斯分类模型（在 6.1 节中简称模型），通过拟合指标 R2 进行评估。本任务可分解成 7 个子任务：依赖库导入；数据探查；数据可视化；数据转换；模型训练；模型评估；结果预测。

1. 子任务 1：依赖库导入

本任务依赖的第三方库有 NumPy、Pandas、Matplotlib、sklearn 等，可通过 import 命令导入。

2. 子任务 2：数据探查

先使用 Pandas 把 breast-cancer-uci.data 读入 DataFrame 对象，然后查看数据分布、特征与标签关系等。

3. 子任务 3：数据可视化

通过 Matplotlib 进行数据可视化，绘制密度图矩阵和热力图。

4. 子任务 4：数据转换

将 Pandas 类型转换为 sklearn 能处理的 NumPy 类型。

5. 子任务 5：模型训练

先构建模型，然后在已知样本上训练模型。

6. 子任务 6：模型评估

使用根据测试集预测的标签跟真实标签比较，计算预测准确率。

7. 子任务 7：结果预测

利用已经构建的模型进行结果预测。

6.1.3 任务实施

根据任务分解可知，程序有 7 个 2 级标题，分别对应 7 个子任务。

1. 依赖库导入

步骤 1：定义 2 级标题。

```
## <font color="black"> 依赖库导入 </font>
```

运行结果如下：

依赖库导入

步骤 2：依赖库导入。

```
import numpy as np
import pandas as pd
import matplotlib as mpl
import matplotlib.pyplot as plt
import seaborn as sns
from sklearn import model_selection
from sklearn.naive_bayes import GaussianNB
```

2. 数据探查

步骤 1：定义 2 级标题。

```
## <font color="black"> 数据探查</font>
```

运行结果如下：

数据探查

步骤 2：将数据集读入 DataFrame 对象。

```
df = pd.read_csv("c:/data/breast-cancer-uci.data", header=0)
df.sample(5)
```

运行结果如下：

	编号	团块厚度	细胞大小均匀性	细胞形状均匀性	边缘附着力	单层上皮细胞大小	裸核	乏味染色质	正常核仁	线粒体	类别
212	1220330	1	1	1	1	2	1	3	1	1	2
100	1166654	10	3	5	1	10	5	3	10	2	4
410	1238021	1	1	1	1	2	1	2	1	1	2
272	320675	3	3	5	2	3	10	7	1	1	4
170	1199731	3	1	1	1	2	1	1	1	1	2

步骤 3：查看数据信息。

$$df.info()$$

运行结果如下：

```
<class 'pandas.core.frame.DataFrame'>
RangeIndex: 699 entries, 0 to 698
Data columns (total 11 columns):
 #   Column        Non-Null Count  Dtype
---  ------        --------------  -----
 0   编号            699 non-null    int64
 1   团块厚度          699 non-null    int64
 2   细胞大小均匀性       699 non-null    int64
 3   细胞形状均匀性       699 non-null    int64
 4   边缘附着力         699 non-null    int64
 5   单层上皮细胞大小      699 non-null    int64
 6   裸核            699 non-null    object
 7   乏味染色质         699 non-null    int64
 8   正常核仁          699 non-null    int64
 9   线粒体           699 non-null    int64
 10  类别            699 non-null    int64
dtypes: int64(10), object(1)
memory usage: 60.2+ KB
```

步骤 4："裸核"频数统计。

$$df["裸核"].value\_counts()$$

运行结果如下：

```
裸核
1     402
10    132
2      30
5      30
3      28
8      21
4      19
?      16
9       9
7       8
6       4
Name: count, dtype: int64
```

步骤 5："裸核"字段填充。

```
df.loc[df["裸核"]=="?", "裸核"] = np.nan
df["裸核"].fillna(df["裸核"].mode()[0],inplace=True)
df["裸核"].value_counts()
```

运行结果如下：

```
裸核
1      418
10     132
2       30
5       30
3       28
8       21
4       19
9        9
7        8
6        4
Name: count, dtype: int64
```

步骤 6：描述性统计。

```
df.describe()
```

运行结果如下：

	编号	团块厚度	细胞大小均匀性	细胞形状均匀性	边缘附着力	单层上皮细胞大小	乏味染色质	正常核仁	线粒体	类别
count	6.990000e+02	699.000000	699.000000	699.000000	699.000000	699.000000	699.000000	699.000000	699.000000	699.000000
mean	1.071704e+06	4.417740	3.134478	3.207439	2.806867	3.216023	3.437768	2.866953	1.589413	2.689557
std	6.170957e+05	2.815741	3.051459	2.971913	2.855379	2.214300	2.438364	3.053634	1.715078	0.951273
min	6.163400e+04	1.000000	1.000000	1.000000	1.000000	1.000000	1.000000	1.000000	1.000000	2.000000
25%	8.706885e+05	2.000000	1.000000	1.000000	1.000000	2.000000	2.000000	1.000000	1.000000	2.000000
50%	1.171710e+06	4.000000	1.000000	1.000000	1.000000	2.000000	3.000000	1.000000	1.000000	2.000000
75%	1.238298e+06	6.000000	5.000000	5.000000	4.000000	4.000000	5.000000	4.000000	1.000000	4.000000
max	1.345435e+07	10.000000	10.000000	10.000000	10.000000	10.000000	10.000000	10.000000	10.000000	4.000000

步骤 7："类别"（标签）频数统计。

```
label_count = df['类别'].value_counts()
label_count
```

运行结果如下：

```
类别
2    458
4    241
Name: count, dtype: int64
```

步骤 8：计算相关系数。

```
corr_result = df.iloc[:,1:].corr()
corr_result
```

运行结果如下：

	团块厚度	细胞大小均匀性	细胞形状均匀性	边缘附着力	单层上皮细胞大小	裸核	乏味染色质	正常核仁	线粒体	类别
团块厚度	1.000000	0.644913	0.654589	0.486356	0.521816	0.590008	0.558428	0.535835	0.350034	0.716001
细胞大小均匀性	0.644913	1.000000	0.906882	0.705582	0.751799	0.686673	0.755721	0.722865	0.458693	0.817904
细胞形状均匀性	0.654589	0.906882	1.000000	0.683079	0.719668	0.707474	0.735948	0.719446	0.438911	0.818934
边缘附着力	0.486356	0.705582	0.683079	1.000000	0.599599	0.666971	0.666715	0.603352	0.417633	0.696800
单层上皮细胞大小	0.521816	0.751799	0.719668	0.599599	1.000000	0.583701	0.616102	0.628881	0.479101	0.682785
裸核	0.590008	0.686673	0.707474	0.666971	0.583701	1.000000	0.674215	0.574778	0.342397	0.818968
乏味染色质	0.558428	0.755721	0.735948	0.666715	0.616102	0.674215	1.000000	0.665878	0.344169	0.756616
正常核仁	0.535835	0.722865	0.719446	0.603352	0.628881	0.574778	0.665878	1.000000	0.428336	0.712244
线粒体	0.350034	0.458693	0.438911	0.417633	0.479101	0.342397	0.344169	0.428336	1.000000	0.423170
类别	0.716001	0.817904	0.818934	0.696800	0.682785	0.818968	0.756616	0.712244	0.423170	1.000000

3. 数据可视化

步骤 1：定义 2 级标题。

```
## <font color="black"> 数据可视化 </font>
```

运行结果如下：

数据可视化

步骤 2：使 Matplotlib 支持中文字符。

```
mpl.rcParams['font.sans-serif']=['SimHei']
```

步骤 3：利用条形图分析"类别"的分布趋势。

```
plt.figure(figsize=(6,4))
plt.barh(y=label_count.index,width=label_count,height=0.3)
plt.yticks([2,4],['良性','恶性'])
plt.show()
```

运行结果如下：

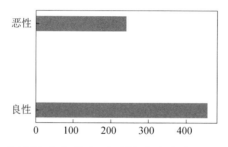

从运行结果可以看出，良性肿瘤患者多于恶性肿瘤患者。

步骤 4：绘制密度图矩阵。

```
df.iloc[:,1:-1].plot(kind= 'density', subplots=True,layout=(2,4), sharex=False,
                sharey=False,fontsize=15,figsize=(15,10))
```

运行结果如下：

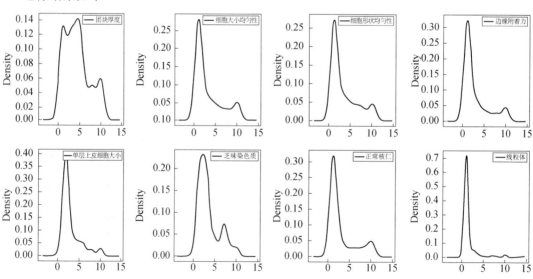

从运行结果可以看出，大部分特征的频数高峰都集中在 0 附近。

步骤 5：绘制热力图。

```
corr_result = df.iloc[:,1:].corr()
plt.subplots(figsize=(9, 9)) # 设置画面大小
sns.heatmap(corr_result, annot=True, vmax=1, square=True, cmap="Blues")
```

运行结果如下：

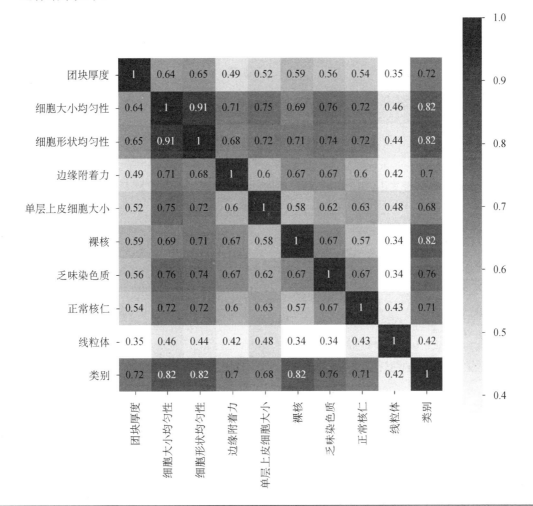

···→ **知识专栏**　　　　　　　　　　**热力图**

　　热力图，又名相关系数图，可根据方块颜色对应的相关系数判断变量之间的相关性。Seaborn 模块提供了 heatmap() 函数用来绘制热力图，其主要参数如下：

　　data：矩形数据集，可以强制转换为 ndarray 格式的二维数据集，如果提供了 Pandas DataFrame 数据，索引或列信息将用于标记列和行。

　　annot：布尔型数据或者矩形数据，如果其值为 True，则在每个热力图的单元格中写入数据。

　　vmin、vmax：浮点型数据，用于锚定色彩映射的值。

square：布尔型数据，如果其值为 True，则将坐标轴方向设置为"equal"，使每个单元格为方形。

cmap：颜色列表，表示从数据到颜色空间的映射。

4．数据转换

步骤 1：定义 2 级标题。

```
## <font color="black"> 数据转换 </font>
```

运行结果如下：

数据转换

步骤 2：将特征和标签转换为 NumPy 类型的。

```
X = df.iloc[:, 0:-1].values
y = df.iloc[:, -1]
```

5．模型训练

先切分训练集和测试集，在构建模型（贝叶斯分类模型）后，然后在特征 X 和标签 y 上进行训练。

步骤 1：定义 2 级标题。

```
## <font color="black"> 模型训练 </font>
```

运行结果如下：

模型训练

步骤 2：切分训练集和测试集。

```
X_train, X_test, y_train, y_test = model_selection.train_test_split(X, y, random_state=4, test_size=0.2)
X_train.shape, X_test.shape
```

运行结果如下：

```
((559, 9), (140, 9))
```

步骤 3：训练模型。

```
nb_model = GaussianNB()
nb_model.fit(X_train, y_train)
```

运行结果如下：

```
▾ GaussianNB
GaussianNB()
```

┉➤ 知识专栏　　　　　　　贝叶斯分类模型

贝叶斯（Bayes）分类模型是基于贝叶斯理论与特征条件独立假设的分类模型，该模型可以被看作有监督的学习算法，解决的是分类问题，具体就是将一个未知样本分到几个预先已知类别中的过程。

其中，最常用的是朴素贝叶斯（Native Bayes，NB）模型。朴素贝叶斯模型的思想是根据某些先验概率来计算变量 Y 属于某个类别的后验概率，也就是根据先前事件的有关数据估计未来的某个事件发生的概率，公式如下：

$$P(A|B)=(P(B|A)×P(A))/P(B)$$

在数学里，$P(A)$ 叫 A 事件的先验概率，即一般情况下 A 事件发生的概率。$P(B|A)$ 叫似然度，是在 A 事件假设条件成立的情况下发生 B 事件的概率。$P(A|B)$ 叫后验概率，是在 B 事件发生的情况下发生 A 事件的概率，也就是待求的概率。$P(B)$ 叫标准化常量，即在一般情况下发生 B 事件的概率。

比如，一个单位有 70% 的男性员工，30% 的女性员工。根据统计，男性员工总是穿长裤，女性员工则有一半穿长裤，一半穿裙子。假设在该单位随机抽取一个穿长裤的员工，推断该员工是女性的概率。

已知：P(男)=70%，P(女)=30%，P(长裤|男)=100%，P(长裤|女)=50%，P(裙子|女)=50%。假设该单位总人数为 U，穿长裤的人数=穿长裤的男性员工人数+穿长裤的女性员工人数=$U×70\%+U×30\%×50\%$，其中，穿长裤的女性员工人数=$U×30\%×50\%$。

随机抽取一个穿长裤的员工是女性的概率=穿长裤的女性员工人数/穿长裤的总人数

$$=U×30\%×50\%/(U×70\%+U×30\%×50\%)$$
$$=25\%$$

再如，现在有一堆邮件，正常邮件的比例是 80%，垃圾邮件的比例是 20%。在这堆邮件中，有 5% 的邮件会出现单词 Viagra，其中垃圾邮件出现单词 Viagra 的概率是 20%。如果有一封邮件，这封邮件中包含单词 Viagra，求这封邮件是垃圾邮件的概率如下：

$$P(\text{spam}/\text{Viagra})=(P(\text{Viagra}/\text{spam})×P(\text{spam}))/P(\text{Viagra})=(20\%×20\%)/5\%=80\%$$

6. 模型评估

在训练模型后，需要对模型的训练效果进行评估，使用 score () 方法返回预测准确率，通过数据的变化来表征预测准确率，取值范围为[0,1]，取值越接近 1，表明模型的预测准确率越高。

步骤 1：定义 2 级标题。

<font color="black"> 模型评估 </font>

运行结果如下：

模型评估

步骤 2：计算预测准确率。

```
score = nb_model.score(X_test,y_test)
print("预测准确率=%.2f%%"%(score*100))
```

运行结果如下：

预测准确率=96.43%

7. 结果预测

步骤 1：定义 2 级标题。

```
## <font color="black"> 预测 </font>
```

运行结果如下：

预测

步骤 2：根据已知数据进行预测。

```
names = {2:"良性", 4:"恶性"}
test_data = np.array([[10, 10, 10, 8, 6, 8, 7, 10, 1]])
pred = nb_model.predict(test_data)
names[pred[0]]
```

运行结果如下：

'恶性'

6.2　垃圾邮件预测

6.2.1　任务描述

6.2　垃圾邮件预测

通过邮件进行工作交流是非常方便的，但邮箱总会收到一些广告，以及与工作不相关的邮件，干扰了正常的工作，这些邮件被称为垃圾邮件。

本任务采用的数据集收集了正常邮件与垃圾邮件信息，意在实现对未知邮件进行预测，主要思路就是依据用户收集的大量历史邮件及信息，将其中有效的单词在当前邮件中出现的词频作为特征值，预测相关邮件是正常邮件还是垃圾邮件。该数据集详细的特征描述如表6-2 所示。

表 6-2　数据集详细的特征描述

文件路径	文件	文件类型	文件内容
mail\train\normal	normal-train1.txt	文本文件	小张，您好！ 上次您介绍给我的教材，对我很有帮助，希望您能再介绍几本教材给我，非常感谢
	normal-train2.txt	文本文件	小李，您好！ 论文还需要修改，具体情况请在附件中查收
mail\train\spam	spam-train1.txt	文本文件	***期刊： 【主要栏目】：信息技术。 投稿邮箱：XXXXX@163.com
	spam-train2.txt	文本文件	***期刊： 【主要栏目】：大数据技术。 投稿邮箱：XXXXX@129.com
mail\test	normal-test.txt	文本文件	小林，您好！ 朋友最近介绍了我一本教材，对我很有帮助，也推荐给您，详见附件

（续表）

文件路径	文件	文件类型	文件内容
mail\test	spam-test.txt	文本文件	***期刊: 【主要栏目】: 大数据。 投稿邮箱: XXXXX@189.com

任务目标:

（1）实现中文分词与停词过滤处理。

（2）获取邮件的高频单词集。

（3）实现垃圾邮件与正常邮件分类。

6.2.2　任务分解

利用切词工具将文本文件转换为向量，得到切词计数矩阵，构建贝叶斯分类模型（在6.2 节简称模型），通过拟合指标 R2 评估该模型。本任务可分解成 6 个子任务: 依赖库导入; 定义函数; 数据合并; 文本文件向量化; 模型训练; 结果预测。

1. 子任务 1: 依赖库导入

本任务依赖的第三方库有 os、re、jieba、sklearn 等，可通过 import 命令导入。

2. 子任务 2: 定义函数

定义通过文件路径读取文本文件内容的函数，并测试效果。

3. 子任务 3: 数据合并

将正常邮件与垃圾邮件进行合并，构建训练集。

4. 子任务 4: 文本文件向量化

将文本文件转换为向量，并构建用于词频统计的计数矩阵。

5. 子任务 5: 模型训练

先构建模型，然后在已知样本上训练该模型。

6. 子任务 6: 结果预测

根据已有数据预测结果。

6.2.3　任务实施

根据任务分解可知，Jupyter 程序有 6 个 2 级标题，分别对应 6 个子任务。

1. 依赖库导入

步骤 1: 定义 2 级标题。

```
## <font color="black"> 依赖库导入 </font>
```

运行结果如下:

依赖库导入

步骤 2：依赖库导入。

```python
import os
import numpy as np
from re import sub
from jieba import cut
from sklearn.feature_extraction.text import CountVectorizer
from sklearn.naive_bayes import MultinomialNB
```

2. 定义函数

步骤 1：定义 2 级标题。

```
## <font color="black "> 定义函数 </font>
```

运行结果如下：

定义函数

步骤 2：定义用于读取文件路径下的所有文本文件的函数，输出结果为列表，不含根目录。

```python
def dir_to_file(dir):
    filelst = os.listdir(dir)
    return filelst
dir_to_file(r"c:\data\mail\train\normal")
```

运行结果如下：

['normal-train1.txt', 'normal-train2.txt']

步骤 3：定义用于读取文本文件内容的函数。

```python
def file_to_txt(file_path):
    '''文件转换'''
    wordLst = []
    with open(file_path, encoding='utf8') as fp:
        for line in fp:
            # 去除前后空格
            line = line.strip()
            # 过滤干扰字符或无效字符
            line = sub(r'[\ufeff：.【】0-9、-。，！~\*]', '', line)
            line = cut(line)
            wordLst.extend(list(line))
    return " ".join(wordLst)
file_to_txt(r"c:\data\mail\train\normal\normal-train1.txt")
```

运行结果如下：

```
Building prefix dict from the default dictionary ...
Loading model from cache C:\Users\ADMINI~1\AppData\Local\Temp\jieba.cache
Loading model cost 0.942 seconds.
Prefix dict has been built successfully.
```
'小张 您好 上次 您 介绍 给 我 的 教材 对 我 很 有 帮助 希望 您 能 再 介绍 几本 教材 给 我 非常感谢'

步骤 4：定义读取文件路径下所有文本文件内容的函数。

```python
def dir_to_txt(root_dir):
    txtlst = []
    filelst = dir_to_file(root_dir)
    for file in filelst:
        txt = file_to_txt(root_dir + '/' + file)
        txtlst.append(txt)
    return txtlst
```

3. 数据合并

步骤 1：定义 2 级标题。

```
## <font color="black"> 数据合并 </font>
```

运行结果如下：

数据合并

步骤 2：将训练集中的正常邮件转换为以空格分隔的字符串。

```
root_dir = "c:/data/mail/train/normal"
train_normal_text = dir_to_txt(root_dir)
train_normal_text
```

运行结果如下：

```
['小张 您好 上次 您 介绍 给 我 的 教材 对 我 很 有 帮助 希望 您 能 再 介绍 几本 教材 给 我 非常感谢',
 '小李 您好 论文 还 需要 修改 具体情况 请 在 附件 中 查收']
```

步骤 3：将训练集中的垃圾邮件转换为以空格分隔的字符串。

```
root_dir = "c:/data/mail/train/spam"
train_spam_text = dir_to_txt(root_dir)
train_spam_text
```

运行结果如下：

```
['期刊 主要 栏目 信息技术 投稿 邮箱 XXXXX @163 com', '期刊 主要 栏目 大 数据 技术 投稿 邮箱 XXXXX @129 com']
```

步骤 4：合并数据，构建训练集。

```
X_raw = np.concatenate([[train_normal_text, train_spam_text]])
X_raw
```

运行结果如下：

```
array(['小张 您好 上次 您 介绍 给 我 的 教材 对 我 很 有 帮助 于是 希望 您 能 再 介绍 几本 教材 给 我 非常感谢',
       '小李 您好 论文 还 需要 修改 具体情况 请 在 附件 中 查收',
       '期刊 主要 栏目 信息技术 投稿 邮箱 XXXXX @163 com',
       '期刊 主要 栏目 大 数据 技术 投稿 邮箱 XXXXX @129 com'], dtype='<U63')
```

可以看出，训练集一共有 4 个文本文件，输出结果为列表的 4 个元素。

4. 文本文件向量化

步骤 1：定义 2 级标题。

```
## <font color="black"> 文本文件向量化 </font>
```

运行结果如下：

文本文件向量化

步骤 2：读入停用词表。

```
stopWordLst=[]
with open("c:/data/stopwords/chinese",'r',encoding='utf-8') as fr:#加载停用词
    for word in fr.readlines():
        stopWordLst.append(word.strip())
stopWordLst[:10]
```

运行结果如下：

['一', '一下', '一些', '一切', '一则', '一天', '一定', '一方面', '一旦', '一时']

步骤 3：训练词袋模型。

```
cvt = CountVectorizer(stop_words=stopWordLst)
X = cvt.fit_transform(X_raw)
```

显示切词结果。

```
cvt_names = cvt.get_feature_names_out()
print(cvt_names)
print(cvt_names.shape)
```

运行结果如下：

```
['com' 'xxxxx' '上次' '介绍' '信息技术' '修改' '具体情况' '几本' '小张' '小李' '希望' '您好' '技术'
 '投稿' '教材' '数据' '期刊' '查收' '栏目' '论文' '邮箱' '附件' '非常感谢']
(23,)
```

可以看出，训练集一共切出了 23 个词汇。

生成切词计数矩阵。

```
print(X.toarray())
print(X.shape)
```

运行结果如下：

```
[[0 0 1 2 0 0 0 1 1 0 1 1 0 0 2 0 0 0 0 0 0 0 1]
 [0 0 0 0 0 1 1 0 0 1 0 1 0 0 0 0 0 1 0 1 0 1 0]
 [1 1 0 0 1 0 0 0 0 0 0 0 0 1 0 0 1 0 1 0 1 0 0]
 [1 1 0 0 0 0 0 0 0 0 0 0 1 1 0 1 1 0 1 0 1 0 0]]
(4, 23)
```

可以看出，训练集的 4 个文本文件关于 23 个词汇的统计结果是生成了 4×23 的二维计数矩阵。

﹥﹥﹥ 知识专栏　　　　　文本文件向量化

文本文件向量化就是将信息数值化，从而便于进行建模分析。自然语言处理面对的数据往往是非结构化的杂乱无章的文本数据，机器学习算法处理的数据往往是固定长度的输入和输出数据。因而机器学习算法并不能直接处理原始的文本数据，必须把文本数据转换成数字，比如向量。

独热（One-hot）编码是最早用于提取文本特征的方法，可将文本数据直接简化为一系列词的集合，比如，性别 sex 的取值依次为 Male、Female、Female、Male，对其进行独热编码处理，示例如下：

sex		Male	Female
Male	→	1	0
Female		0	1
Female			
Male		0	1

在使用独热编码的基础上，对词表中的每一个词在该文本中出现的频数进行记录，以表示当前词在该文本文件中的重要性。

CountVectorizer 是一个类，通过这个类中的功能可以很容易地实现文本的词频统计与向量化，它主要是把新的文本转换为特征矩阵，只不过特征是已经确定的。而这个特征矩阵是使用 fit_transfome() 函数输入的语料库确定的特征。

5. 模型训练

步骤 1：定义 2 级标题。

```
## <font color="black"> 模型训练 </font>
```

运行结果如下：

模型训练

步骤 2：构建训练集。

```
X_train = X
```

步骤 3：构建训练集标签。

0 表示正常邮件，1 表示垃圾邮件。

```
y_train = np.array([0] * len(train_normal_text) + [1] * len(train_spam_text))
y_train
```

运行结果如下：

```
array([0, 0, 1, 1])
```

步骤 4：训练模型。

```
nb_model = MultinomialNB()
nb_model.fit(X_train,y_train)
```

运行结果如下：

```
▼ MultinomialNB
MultinomialNB()
```

6. 结果预测

步骤 1：定义 2 级标题。

```
## <font color="black"> 预测 </font>
```

运行结果如下：

预测

步骤 2：将邮件转换为以空格分隔的字符串。

```
test_text = file_to_txt("c:/data/mail/test/spam-test.txt")
test_text
```

运行结果如下:

'期刊 主要 栏目 大 数据 投稿 邮箱 XXXXX @ 189 com'

步骤 3: 邮件向量化。

```
test_vector = cvt.transform([test_text])
test_vector
```

运行结果如下:

```
<1x23 sparse matrix of type '<class 'numpy.int64'>'
        with 7 stored elements in Compressed Sparse Row format>
```

步骤 4: 预测。

```
label_names = ["正常邮件", "垃圾邮件"]
y_pred = nb_model.predict(test_vector)
result = label_names[y_pred[0]]
print("预测结果为: %s"%(result))
```

运行结果如下:

预测结果为: 垃圾邮件

6.3 广告短信预测

6.3.1 任务描述

6.3 广告短信预测

SMS Spam Collection 是用于广告短信预测的数据集,完全来自真实的短信,包括 4831 条正常短信和 747 条广告短信。SMS 消息通常限制为 160 个字符,这样就减少了可用于识别短信是否为广告短信的文本数量。"ham"和"spam"表示短信的类别: 正常短信和广告短信,使用贝叶斯分类模型将正常短信与广告短信进行分类。该数据集详细的字段描述如表 6-3 所示。

表 6-3   数据集 SMS Spam Collection 详细的字段描述

字段	类型	是否允许为空	是否有标签	例子
类型(label)	str	否	是	ham|spam
内容(content)	str	否	否	正常短信: Ok lar...Joking wif u oni... 广告短信: U dun say so early hor... U c already then say...

任务目标:
(1)实现中文分词与停词过滤处理。
(2)获取短信中的高频单词集。
(3)实现正常短信与广告短信分类。

6.3.2　任务分解

从数据探查开始使用切词工具将文本文件转换为向量，得到切词计数矩阵，构建贝叶斯分类模型（在 6.3 节简称模型），通过拟合指标 R2 评估该模型，根据数据预测结果。本任务可分解成 8 个子任务：依赖库导入；数据探查；数据转换；文本向量化；数据可视化；模型训练；模型评估；结果预测。

1. 子任务 1：依赖库导入

本任务依赖的第三方库有 jieba、sklearn 等，可通过 import 命令导入。

2. 子任务 2：数据探查

使用 Pandas 把 SMS Spam Collection 读入 DataFrame 对象。

3. 子任务 3：数据转换

先替换标签，再提取特征和标签。

4. 子任务 4：文本向量化

将广告短信转换为向量，并构建用于词频统计的计数矩阵。

5. 子任务 5：数据可视化

使用 Matplotlib 进行数据可视化，利用饼图分析"类型（label）"的分布，利用条形图分析随机词频统计结果。

6. 子任务 6：模型训练

先构建模型，然后在已知样本上训练模型。

7. 子任务 7：模型评估

使用根据测试集得到的标签跟真实标签比较，计算预测准确率。

8. 子任务 8：结果预测

利用已经构建的模型（贝叶斯分类模型）进行结果预测。

6.3.3　任务实施

根据任务分解可知，程序有 8 个 2 级标题，分别对应 8 个子任务。

1. 依赖库导入

步骤 1：定义 2 级标题。

```
## <font color="black"> 依赖库导入 </font>
```

运行结果如下：

依赖库导入

步骤 2：依赖库导入。

```
import pandas as pd
import matplotlib as mpl
import matplotlib.pyplot as plt
from sklearn.feature_extraction.text import CountVectorizer
from sklearn import model_selection
from sklearn.naive_bayes import MultinomialNB
```

2. 数据探查

步骤 1：定义 2 级标题。

```
## <font color="black"> 数据探查</font>
```

运行结果如下：

数据探查

步骤 2：将数据集读入 DataFrame 对象。

```
col_names = ["label", "content"]
df=pd.read_csv("c:/data/smsspamcollection",sep='\t', header=None, names=col_names)
df.shape,df.head()
```

运行结果如下：

```
((5572, 2),
    label                                    content
0    ham  Go until jurong point, crazy.. Available only ...
1    ham                      Ok lar... Joking wif u oni...
2   spam  Free entry in 2 a wkly comp to win FA Cup fina...
3    ham  U dun say so early hor... U c already then say...
4    ham  Nah I don't think he goes to usf, he lives aro...)
```

步骤 3：统计 "label"（标签）的分布情况。

```
label_count = df['label'].value_counts()
label_count
```

运行结果如下：

```
label
ham     4825
spam     747
Name: count, dtype: int64
```

3. 数据转换

步骤 1：定义 2 级标题。

```
## <font color="black"> 数据转换 </font>
```

运行结果如下：

数据转换

步骤 2：替换标签值。

```
df["label"] = df["label"].replace({'ham':0,'spam':1})
df.head()
```

运行结果如下：

	label	content
0	0	Go until jurong point, crazy.. Available only …
1	0	Ok lar… Joking wif u oni…
2	1	Free entry in 2 a wkly comp to win FA Cup fina…
3	0	U dun say so early hor… U c already then say…
4	0	Nah I don't think he goes to usf, he lives aro…

步骤 3：提取特征和标签。

```
X_raw = df.loc[:, "content"].values
y = df.loc[:, "label"].values
print("特征为: \n",X_raw[0:5])
print("标签为: \n",y[0:5])
```

运行结果如下：

```
特征为:
['Go until jurong point, crazy.. Available only in bugis n great world la e buffet... Cine there got amore wat...'
 'Ok lar... Joking wif u oni...'
 "Free entry in 2 a wkly comp to win FA Cup final tkts 21st May 2005. Text FA to 87121 to receive entry question(st
d txt rate)T&C's apply 08452810075over18's"
 'U dun say so early hor... U c already then say...'
 "Nah I don't think he goes to usf, he lives around here though"]
标签为:
[0 0 1 0 0]
```

4. 文本向量化

步骤 1：定义 2 级标题。

```
## <font color="black"> 文本向量化 </font>
```

运行结果如下：

文本向量化

步骤 2：读入停用词表。

```
stopWordLst=[]
with open("c:/data/stopwords/english",'r',encoding='utf-8') as fr:#加载停用词表
    for word in fr.readlines():
        stopWordLst.append(word.strip())
stopWordLst[:10]
```

运行结果如下：

```
['i', 'me', 'my', 'myself', 'we', 'our', 'ours', 'ourselves', 'you', "you're"]
```

步骤 3：训练词袋模型。

```
cvt = CountVectorizer(stop_words=stopWordLst)
X = cvt.fit_transform(X_raw)
```

显示词袋模型的词汇量和前 50 个词汇的名字。

```
cvt_names = cvt.get_feature_names_out()
print(cvt_names.shape)
print(cvt_names[:50])
```

运行结果如下：

```
(8577,)
['00' '000' '000pes' '008704050406' '0089' '0121' '01223585236'
 '01223585334' '0125698789' '02' '0207' '02072069400' '02073162414'
 '02085076972' '021' '03' '04' '0430' '05' '050703' '0578' '06' '07'
 '07008009200' '07046744435' '07090201529' '07090298926' '07099833605'
 '07123456789' '0721072' '07732584351' '07734396839' '07742676969'
 '07753741225' '0776xxxxxxx' '07781482378' '07786200117' '077xxx' '078'
 '07801543489' '07808' '07808247860' '07808726822' '07815296484'
 '07821230901' '078498' '07880867867' '0789xxxxxxx' '07946746291'
 '0796xxxxxx']
```

可以看出，训练集一共切出了 8577 个词，词之间默认以空格隔开。

生成切词计数矩阵，查看前 5 行。

```
print(X.shape)
print(X.toarray()[:5])
```

运行结果如下：

```
(5572, 8577)
[[0 0 0 ... 0 0 0]
 [0 0 0 ... 0 0 0]
 [0 0 0 ... 0 0 0]
 [0 0 0 ... 0 0 0]
 [0 0 0 ... 0 0 0]]
```

可以看出，训练集的 5572 个文本关于 8577 个词的统计结果，最终生成了 5572×8577 的二维计数矩阵。

步骤 4：查看词袋模型的出现频率。

```
cut_count = list(cvt.vocabulary_.items())
cut_count[:10]
```

运行结果如下：

```
[('go', 3531),
 ('jurong', 4311),
 ('point', 5871),
 ('crazy', 2312),
 ('available', 1301),
 ('bugis', 1745),
 ('great', 3615),
 ('world', 8417),
 ('la', 4437),
 ('buffet', 1743)]
```

步骤 5：构建词频统计数据集，并随机抽取 10 个词进行降序排序。

```
cut_lst = []
count_lst = []
for item in cut_count:
    cut_lst.append(item[0])
    count_lst.append(item[1])
cut_df = pd.DataFrame({'word':cut_lst,'count':count_lst})
cut_result = cut_df.sample(10).sort_values(by='count',ascending=False)
cut_result
```

运行结果如下:

	word	count
5284	tddnewsletter	7488
3145	site	6878
3317	rudi	6500
1322	rob	6452
4367	rgent	6420
905	mist	5024
3803	gauge	3446
7997	cruel	2339
2898	corvettes	2263
3537	chennai	1980

5. 数据可视化

步骤 1:定义 2 级标题。

```
## <font color="black"> 数据可视化 </font>
```

运行结果如下:

数据可视化

步骤 2:使 Matplotlib 支持中文字符。

```
mpl.rcParams['font.sans-serif']=['SimHei']
```

步骤 3:利用饼图分析"类型(label)"的分布。

```
plt.pie(x=label_count,labels=label_count.index,autopct='%.1f%%',
        colors=['darkorange','lightgreen'],explode=[0.1,0],radius=0.7)
plt.title(""类型(label)"的分布",color='r',size=15)
plt.show()
```

运行结果如下:

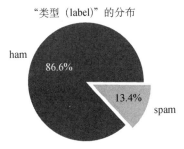

步骤 4:利用条形图分析随机词频统计结果。

```
plt.barh(y=cut_result['word'],width=cut_result['count']/1000)
plt.title("随机词频统计",color='r',size=15)
plt.show()
```

运行结果如下:

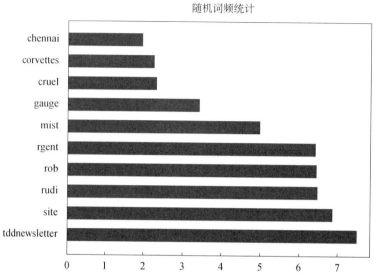

随机词频统计

6. 模型训练

步骤 1：定义 2 级标题。

<font color="black"> 模型训练 </font>

运行结果如下：

模型训练

步骤 2：构建训练集。

```
X_train, X_test, y_train, y_test = model_selection.train_test_split(X, y, random_state=4, test_size=0.2)
X_train.shape, X_test.shape
```

运行结果如下：

((4457, 8577), (1115, 8577))

步骤 3：训练模型。

```
nb_model = MultinomialNB()
nb_model.fit(X_train,y_train)
```

运行结果如下：

```
▼ MultinomialNB
MultinomialNB()
```

7. 模型评估

步骤 1：定义 2 级标题。

<font color="black"> 模型评估 </font>

运行结果如下：

模型评估

步骤 2：计算预测准确率。

```
R2 = nb_model.score(X_test,y_test)
print("预测准确率=%.2f%%"%(R2*100))
```

运行结果如下：

预测准确率=97.67%

8. 结果预测

步骤 1：定义 2 级标题。

```
## <font color="black"> 预测 </font>
```

运行结果如下：

预测

步骤 2：输入待测试的短信。

```
test_msg = "in 2 a wkly comp to win FA Cup final tkts 21st May 2005. Text FA to 87121
```

用之前训练好的词袋模型将短信转换为计数矩阵。

```
test_vector = cvt.transform([test_msg])
test_vector.toarray()
```

运行结果如下：

array([[0, 0, 0, ..., 0, 0, 0]], dtype=int64)

步骤 3：结果预测。

```
label_names = ["ham","spam"]
y_pred = nb_model.predict(test_vector)
result = label_names[y_pred[0]]
print("预测结果为: %s"%(result))
```

运行结果如下：

预测结果为：spam

小　结

（1）密度图矩阵和热力图能帮助理解特征分布。

（2）当处理的文本文件或文本过多时，可以通过创建函数来进行数据合并。

（3）文本文件的内容在输入模型前需要经过文本文件向量化，把文本文件的内容转换为数字。

（4）使用独热编码进行分词后，找到每个词的编号，构建特征向量。

（5）贝叶斯分类模型经常用于预测文本的类型。

习　题

一、选择题

1. 在 Pandas 中，describe()函数不能得到的统计值为（　　　）。

A. 平均值　　　　　B. 中位数　　　　　C. 众数　　　　　D. 最大值

2. 以下相关系数中，错误的是（　　　）。

A. 0.2　　　　　　B. 0.88　　　　　　C. 0.36　　　　　D. 1.5

3. 在列表的末尾添加元素，可以使用（　　　）。

A. append()　　　　B. extend()　　　　C. add()　　　　　D. concatenate()

4. 在利用 sns 中的 heatmap() 函数绘制热力图时，用来控制颜色列表的是（　　　）。

A. data　　　　　　B. cmap　　　　　　C. vmax　　　　　D. square

5. 贝叶斯模型通常用来进行（　　　）。

A. 回归　　　　　　B. 聚类　　　　　　C. 降维　　　　　D. 分类

二、填空题

1. 使用 iloc()函数选取除第一列以外的列数据，可以使用（　　　）。

2. 要去掉字符串两边的空格，可使用函数（　　　）。

3. 计算相关系数，可使用的函数是（　　　）。

三、编程题

数据集 passexam.csv 包含期末考试前一周的学生行为样本，有 3 种行为：打游戏、通宵聊天、学习，标签为"期末考试是否挂科"（0 代表不挂科，1 代表挂科）。请完成下面任务：

（1）用"通宵聊天"行为的中位数填充该列的缺失值。

（2）切分 80%的数据构建训练集，20%的数据构建测试集。

（3）构建高斯贝叶斯、多项式贝叶斯 2 个模型，并分别比较它们在测试集上的预测准确率。

模块 7　基于支持向量机的分类预测

支持向量机（Support Vector Machine，SVM）采用间隔最大化原则，选择间隔最大的决策边界作为决策函数，是一个具有稀疏性和稳健性的分类器。SVM 是最常用的机器学习算法，在图像识别、文本分类领域都有成熟应用。本模块基于 3 个机器学习任务，使用 SVM 从数据中构建模型并基于模型推测未知标签，在具体任务中掌握运用 SVM 解决分类问题的方法。在任务实施过程中介绍 SVM 算法思想、数据清洗、数据标准化、数据归一化、降维等知识，加深理解任务实施过程中涉及的类和方法。

技 能 要 求

（1）掌握将 CSV 文件读入 DataFrame 对象的方法。
（2）掌握将文本转换为索引型数值的方法。
（3）掌握使用 StandardScaler 类标准化数据的方法。
（4）掌握使用 Normalizer 类归一化数据的方法。
（5）掌握使用 PCA 类降低数据维度的方法。
（6）掌握使用 train_test_split()方法切分数据集的方法。
（7）掌握 DataFrame 分组统计方法。
（8）掌握训练 SVM 模型的方法。
（9）掌握使用 SVM 模型预测待标注的标签的方法。
（10）掌握使用 GridSearchCV 类搜索最优参数的方法。
（11）掌握画出 ROC 曲线的方法。
（12）了解画出三维空间等高线的方法。

学 习 导 览

本模块的学习导览图如图 7-1 所示。

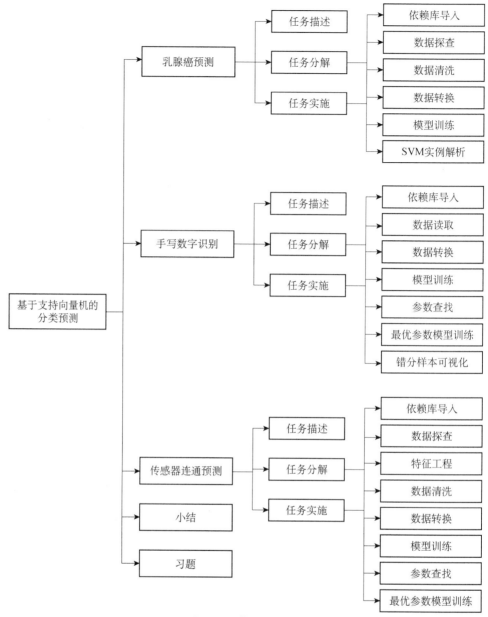

图 7-1   学习导览图

7.1   乳腺癌预测

7.1.1   任务描述

7.1   乳腺癌预测

当细胞生长失控时，通常会形成肿瘤，肿瘤可以通过 X 射线看到。breast-cancer-kaggle.csv 是 Kaggle 网站上提供的威斯康星州乳腺癌（诊断）数据集，有 569 个样本，其中恶性样本 212 个、良性样本 357 个，每个样本有 32 个字段，该数据集详细的字段描述见表 7-1。

表 7-1 breast-cancer-kaggle.csv 详细的字段描述

字段	类型	是否允许为空	是否有标签	例子
id	int	否	否	842302
diagnosis （诊断结果）	str	否	是	M：Malignant（恶性） B：Benign（良性）
radius_mean/se/worst （平均半径、标准差、最差）	float	否	否	17.99
texture_mean/se/worst （平均纹理、标准差、最差）	float	否	否	10.38
perimeter_mean/se/worst （平均周边、标准差、最差）	float	否	否	122.80
area_mean/se/worst （平均面积、标准差、最差）	float	否	否	1001.0
smoothness_mean/se/worst （平均平滑度、标准差、最差）	float	否	否	0.11840
compactness_mean/se/worst （平均紧密度、标准差、最差）	float	否	否	0.27760
concavity_mean/se/worst （平均凹度、标准差、最差）	float	否	否	0.3001
concave points_mean/se/worst （平均凸度、标准差、最差）	float	否	否	0.1471
symmetry_mean/se/worst （平均对称性、标准差、最差）	float	否	否	0.2419
fractal_dimension_mean/se/worst （平均分形维数、标准差、最差）	float	否	否	0.07871

任务目标：使用 SVM 和 breast-cancer-kaggle.csv 构建模型，并预测患者的肿瘤是良性的还是恶性的。

7.1.2 任务分解

从数据探查开始，通过数据清洗和数据转换来加工原始数据，使用 SVM 找到决策函数，用实例解析 SVM 算法原理。本任务可分解成 6 个子任务：依赖库导入；数据探查；数据清洗；数据转换；模型训练；SVM 实例解析。

1. 子任务 1：依赖库导入

本任务依赖的第三方库有 Pandas、NumPy、Matplotlib、sklearn 等，通过 import 命令导入第三方库。

2. 子任务 2：数据探查

先使用 Pandas 把 breast-cancer-kaggle.csv 读入 DataFrame 对象，然后检查字段及其类型。

3. 子任务 3：数据清洗

删除与任务无关的或冗余的字段。

4. 子任务 4: 数据转换

将文本转换为数值;将数据集切分为训练集和测试集;实施标准化转换、归一化转换和降维。

5. 子任务 5: 模型训练

先构建模型,然后在已知样本上训练模型。

6. 子任务 6: SVM 实例解析

构造不同分布的人工数据集,可视化 SVM 决策函数和数据的空间分布,理解 SVM 的算法思想和超参数的作用。

7.1.3　任务实施

根据任务分解可知,程序有 6 个 2 级标题,分别对应 6 个子任务。

1. 依赖库导入

步骤 1: 定义 2 级标题。

```
## <font color="black">依赖库导入</font>
```

运行结果如下:

依赖库导入

步骤 2: 依赖库导入。

```python
import pandas as pd
import numpy as np
from sklearn.svm import SVC
from sklearn.model_selection import train_test_split
import matplotlib.pyplot as plt
import matplotlib as mpl
from sklearn.preprocessing import StandardScaler, Normalizer, LabelEncoder
from sklearn.decomposition import PCA
from sklearn.metrics import roc_auc_score, roc_curve, accuracy_score
from sklearn.tree import DecisionTreeClassifier
from sklearn.datasets._samples_generator import make_blobs, make_circles
```

2. 数据探查

将数据集读入 DataFrame 对象后,观察字段类型和取值范围。

步骤 1: 定义 2 级标题。

```
## <font color="black">数据探查</font>
```

运行结果如下:

数据探查

步骤 2: 将数据集读入 DataFrame 对象。

```python
df_data = pd.read_csv("../data/breast-cancer-kaggle.csv")
df_data.shape
```

运行结果如下:

$$(569, 32)$$

步骤 3：检查前 5 个样本。

$$df\_data.head()$$

运行结果（部分）如下:

	id	diagnosis	radius_mean	texture_mean	perimeter_mean	area_mean	smoothness_mean	compactness_mean	concavity_mean	concave points_mean	...
0	842302	M	17.99	10.38	122.80	1001.0	0.11840	0.27760	0.3001	0.14710	...
1	842517	M	20.57	17.77	132.90	1326.0	0.08474	0.07864	0.0869	0.07017	...
2	84300903	M	19.69	21.25	130.00	1203.0	0.10960	0.15990	0.1974	0.12790	...
3	84348301	M	11.42	20.38	77.58	386.1	0.14250	0.28390	0.2414	0.10520	...
4	84358402	M	20.29	14.34	135.10	1297.0	0.10030	0.13280	0.1980	0.10430	...

步骤 4：查看所有字段的类型。

$$df\_data.info()$$

运行结果如下:

```
<class 'pandas.core.frame.DataFrame'>
RangeIndex: 569 entries, 0 to 568
Data columns (total 32 columns):
 #   Column                   Non-Null Count   Dtype
---  ------                   --------------   -----
 0   id                       569 non-null     int64
 1   diagnosis                569 non-null     object
 2   radius_mean              569 non-null     float64
 3   texture_mean             569 non-null     float64
 4   perimeter_mean           569 non-null     float64
 5   area_mean                569 non-null     float64
 6   smoothness_mean          569 non-null     float64
 7   compactness_mean         569 non-null     float64
 8   concavity_mean           569 non-null     float64
 9   concave points_mean      569 non-null     float64
 10  symmetry_mean            569 non-null     float64
 11  fractal_dimension_mean   569 non-null     float64
 12  radius_se                569 non-null     float64
 13  texture_se               569 non-null     float64
 14  perimeter_se             569 non-null     float64
 15  area_se                  569 non-null     float64
 16  smoothness_se            569 non-null     float64
 17  compactness_se           569 non-null     float64
 18  concavity_se             569 non-null     float64
 19  concave points_se        569 non-null     float64
 20  symmetry_se              569 non-null     float64
 21  fractal_dimension_se     569 non-null     float64
 22  radius_worst             569 non-null     float64
 23  texture_worst            569 non-null     float64
 24  perimeter_worst          569 non-null     float64
 25  area_worst               569 non-null     float64
 26  smoothness_worst         569 non-null     float64
 27  compactness_worst        569 non-null     float64
 28  concavity_worst          569 non-null     float64
 29  concave points_worst     569 non-null     float64
 30  symmetry_worst           569 non-null     float64
 31  fractal_dimension_worst  569 non-null     float64
dtypes: float64(30), int64(1), object(1)
memory usage: 142.4+ KB
```

可以看出，数据集有 569 个样本，每个样本有 32 个字段，其中 "id" 和预测结果无关，可以删除。

3. 数据清洗

步骤1：定义2级标题。

<font color="black">数据清洗</font>

运行结果如下：

数据清洗

步骤2：删除"id"列。

```
all_data = df_data.drop("id", axis=1)
all_data.head()
```

运行结果（部分）如下：

	diagnosis	radius_mean	texture_mean	perimeter_mean	area_mean	smoothness_mean	compactness_mean	concavity_mean	concave points_mean	symmetry_mean	...	radius_worst	text
0	M	17.99	10.38	122.80	1001.0	0.11840	0.27760	0.3001	0.14710	0.2419	...	25.38	
1	M	20.57	17.77	132.90	1326.0	0.08474	0.07864	0.0869	0.07017	0.1812	...	24.99	
2	M	19.69	21.25	130.00	1203.0	0.10960	0.15990	0.1974	0.12790	0.2069	...	23.57	
3	M	11.42	20.38	77.58	386.1	0.14250	0.28390	0.2414	0.10520	0.2597	...	14.91	
4	M	20.29	14.34	135.10	1297.0	0.10030	0.13280	0.1980	0.10430	0.1809	...	22.54	

4. 数据转换

步骤1：定义2级标题。

<font color="black">数据转换</font>

运行结果如下：

数据转换

步骤2：将"diagnosis"从文本转换为数值。

```
le = LabelEncoder()
all_data["diagnosis"] = le.fit_transform(all_data["diagnosis"])
all_data.info()
```

运行结果如下：

```
<class 'pandas.core.frame.DataFrame'>
RangeIndex: 569 entries, 0 to 568
Data columns (total 31 columns):
 #   Column            Non-Null Count   Dtype
---  ------            --------------   -----
 0   diagnosis         569 non-null     int32
 1   radius_mean       569 non-null     float64
 2   texture_mean      569 non-null     float64
 3   perimeter_mean    569 non-null     float64
 4   area_mean         569 non-null     float64
 5   smoothness_mean   569 non-null     float64
```

步骤3：分出特征和标签。

```
X = all_data.iloc[:, 1:].values
y = all_data.iloc[:, 0].values
X.shape, y.shape
```

运行结果如下：

$$((569, 30), (569,))$$

步骤 4：将数据集切分成训练集和测试集，测试集占数据集的 30%。

```
X_train, X_test, y_train, y_test = train_test_split(X, y, test_size=0.3, random_state=0)
X_train.shape, X_test.shape, y_train.shape, y_test.shape
```

运行结果如下：

$$((398, 30), (171, 30), (398,), (171,))$$

步骤 5：调用 StandardScaler 类标准化特征，标准化后的特征服从(0,1)正态分布。标准化公式如下：

$$x = \frac{(x - x_{\text{mean}})}{x_{\text{std}}}$$

其中，x 是特征值，x_{mean} 是特征平均值，x_{std} 是特征标准差。

```
scaler = StandardScaler()
X_train_scaled = scaler.fit_transform(X_train)
X_test_scaled = scaler.transform(X_test)
X_train[0, 0:5], X_train_scaled[0][0:5]
```

运行结果如下：

```
(array([1.149e+01, 1.459e+01, 7.399e+01, 4.049e+02, 1.046e-01]),
 array([-0.74998027, -1.09978744, -0.74158608, -0.70188697,  0.58459276]))
```

步骤 6：调用 Normalizer 类归一化特征，归一化后的特征的样本向量大小为 1。归一化公式如下：

$$x = \frac{x}{|X|}$$

其中，x 是特征值，$|X|$ 是样本向量大小。

```
normalizer = Normalizer()
X_train_normalized = normalizer.fit_transform(X_train_scaled)
X_test_normalized = normalizer.transform(X_test_scaled)
X_train_normalized[0][0:5]
```

运行结果如下：

```
array([-0.24416599, -0.35805033, -0.24143315, -0.22850858,  0.1903219 ])
```

步骤 7：调用 PCA 类降维，避免不相关特征带来过拟合问题。

```
pca = PCA(n_components=20, random_state=51592)
X_train_decomposed = pca.fit_transform(X_train_normalized)
X_test_decomposed = pca.transform(X_test_normalized)
X_train_normalized.shape, X_train_decomposed.shape
```

运行结果如下：

$$((398, 30), (398, 20))$$

5. 模型训练

步骤 1：定义 2 级标题。

```
## <font color="black">模型训练</font>
```

运行结果如下：

模型训练

步骤 2：在训练集上训练 SVM 模型。

```
svm_model = SVC(kernel="linear", random_state=2)
svm_model.fit(X_train_decomposed, y_train)
```

步骤 3：计算预测准确率。

```
y_test_pred = svm_model.predict(X_test_decomposed)
test_score = accuracy_score(y_test, y_test_pred)
"预测准确率: {:.2f}".format(test_score * 100)
```

运行结果如下：

'预测准确率: 97.08'

步骤 4：计算置信度（样本到决策边界的距离）。若置信度大于 0，则运行结果为 True；若小于 0，则运行结果为 False。

```
deci = svm_model.decision_function(X_test_decomposed)
(deci > 0).sum() == (y_test_pred == 1).sum()
```

运行结果如下：

True

运行结果表明，deci > 0 和 y_test_pred == 1 等价。

····> **知识专栏**　　　　　　　　　　　　　**SVM**

　　SVM 的基本原理：寻找一个分类器，使得超平面和最近的数据点之间的分类边缘（超平面和最近数据点的间隔被称为分类边缘）最大，其基本原理如图 7-2 所示。

　　SVM 通常认为，分类边缘越大，超平面越好，具有"最大间隔"的决策面就是 SVM 要寻找的最优解。最优解对应两侧虚线要穿过的样本点，被称为支持向量。sklearn 库的 SVC 类实现了 SVM 模型，定义如下：

```
class sklearn.svm.SVC(C=1.0,kernel='rbf',gamma='auto',class_weight=None,**kargs)
```

　　参数说明如下：

　　① C：int，默认值 1.0，表示惩罚系数。一般需要通过交叉验证选择一个合适的 C。

　　② kernel：默认值 rbf，表示核函数，有四种选择，即 linear（线性）、poly（多项式）、rbf（高斯）、sigmoid。

　　③ gamma：float 类型，默认值为 auto，表示核函数参数。当 kernel='linear' 时，该参数不起作用。

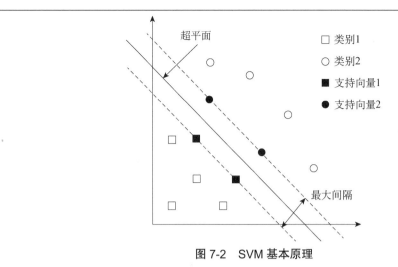

图 7-2　SVM 基本原理

④ class_weight：float 类型，表示样本权重。当训练集中的某类样本数量过多时，建议将该参数设置为 "balanced"。如果样本类别分布没有明显的偏移，则忽略这个参数。

当 kernel='linear' 的效果不好时，可以尝试用 kernel='rbf'，也可以用 GridSearchCV 尝试其他的 kernel 值。

6. SVM 实例解析

SVM 根据数据与决策函数的最大间隔选择决策函数。根据线性可分和线性不可分 2 种情况进行 SVM 实例解析。

步骤 1：定义 2 级标题。

```
## <font color="black">SVM实例解析</font>
```

运行结果如下：

SVM实例解析

步骤 2：如果数据集可以用线性分类器切分，则被称为线性可分。下面定义 3 级标题。

```
### <font color="black">线性可分</font>
```

运行结果如下：

线性可分

步骤 3：定义 4 级标题。

```
#### <font color="black">硬间隔</font>
```

运行结果如下：

硬间隔

步骤 4：构造模拟数据。

```
X, y = make_blobs(n_samples=60, centers=2, cluster_std=0.4, random_state=0)
plt.scatter(X[:, 0], X[:, 1], c=y, s=50, cmap=plt.cm.Paired)
```

运行结果如下：

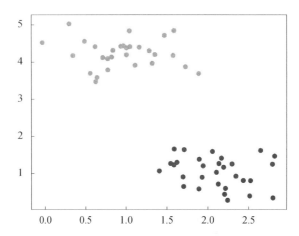

步骤 5：可视化样本和分类器（用决策函数表示）的最大间隔（分类器和样本边界的距离）。

```
# Matplotlib支持中文字符
mpl.rcParams['font.sans-serif'] = ['SimHei']
plt.rcParams['axes.unicode_minus']=False
# 画样本
plt.scatter(X[:, 0], X[:, 1], c=y, s=50, cmap=plt.cm.Paired)
# 画函数
x_fit = np.linspace(0, 3, 50)
y_1 = 1 * x_fit + 0.8
plt.plot(x_fit, y_1, '-c')
# 画边距
plt.fill_between(x_fit, y_1 - 0.6, y_1 + 0.6, edgecolor='none', color='#AAAAAA', alpha=0.4)
# 画函数
y_2 = -0.3 * x_fit + 3
plt.plot(x_fit, y_2, '-k')
# 画边距
plt.fill_between(x_fit, y_2 - 0.4, y_2 + 0.4, edgecolor='none', color='#AAAAAA', alpha=0.4)
```

运行结果如下：

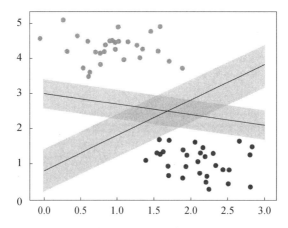

扫码看彩图 3

可以看出，蓝色线与数据集的最大间隔大于黑色线与数据集的最大间隔，因此蓝色线代表的决策函数更优。SVM 提供了在众多可能的分类器之间进行选择的原则，确保对未知数据集具有更高的泛化性。

步骤 6：训练 SVM 分类器。

```
svm_model = SVC(kernel='linear')
svm_model.fit(X, y)
```

步骤 7：准备 SVM 分类器的参数。

```
# 最优函数
w = svm_model.coef_[0]
b = svm_model.intercept_[0]
a = -w[0] / w[1]
y_3 = a*x_fit - b / w[1]
# 最大间隔下界
b_down = svm_model.support_vectors_[0]
y_down = a* x_fit + b_down[1] - a * b_down[0]
# 最大间隔上界
b_up = svm_model.support_vectors_[-1]
y_up = a* x_fit + b_up[1] - a * b_up[0]
```

步骤 8：可视化样本和线性 SVM 的最大间隔。

```
# 画散点图
plt.scatter(X[:, 0], X[:, 1], c=y, s=50, cmap=plt.cm.Paired)
# 画函数
plt.plot(x_fit, y_3, '-c')
# 画边距
plt.fill_between(x_fit, y_down, y_up, edgecolor='none', color='#AAAAAA', alpha=0.4)
# 画支持向量
plt.scatter(svm_model.support_vectors_[:, 0], svm_model.support_vectors_[:, 1], edgecolor='b',
            s=80, facecolors='none')
```

运行结果如下：

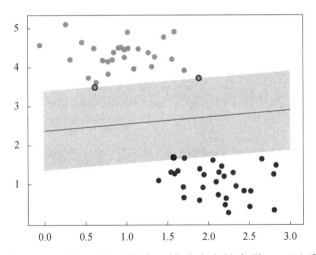

扫码看彩图 4

带蓝边的点是距离 SVM 分类器最近的点，被称为支持向量。可以看出，SVM 分类器有着和数据集的最大间隔。

步骤 9：定义 4 级标题。

```
#### <font color="black">软间隔</font>
```

运行结果如下：

软间隔

相比硬间隔而言，软间隔允许个别样本出现在间隔带中。如果没有一个原则进行约束，则满足软间隔的分类器就会出现很多。SVC 对分错的数据进行惩罚，参数 C 就是惩罚参数，惩罚参数越小，SVM 越具包容性。

步骤 10：构造离散度更大的模拟数据。

```
X, y = make_blobs(n_samples=60, centers=2, cluster_std=0.9, random_state=0)
plt.scatter(X[:, 0], X[:, 1], c=y, s=50, cmap=plt.cm.Paired)
```

运行结果如下：

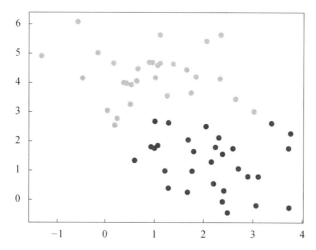

步骤 11：可视化 SVM （C=1，C 为惩罚参数，下同）。

```
svm_model = SVC(kernel='linear', C=1)
svm_model.fit(X, y)
# 最优函数
w = svm_model.coef_[0]
b = svm_model.intercept_[0]
a = -w[0] / w[1]
x_fit = np.linspace(-1.5, 4, 50)
y_3 = a*x_fit - b / w[1]
# 最大间隔下界
b_down = svm_model.support_vectors_[0]
y_down = a* x_fit + b_down[1] - a * b_down[0]
# 最大间隔上界
b_up = svm_model.support_vectors_[-1]
y_up = a* x_fit + b_up[1] - a * b_up[0]
# 画散点图
plt.scatter(X[:, 0], X[:, 1], c=y, s=50, cmap=plt.cm.Paired)
# 画函数
plt.plot(x_fit, y_3, '-c')
# 画边距
plt.fill_between(x_fit, y_down, y_up, edgecolor='none', color='#AAAAAA', alpha=0.4)
# 画支持向量
plt.scatter(svm_model.support_vectors_[:, 0], svm_model.support_vectors_[:, 1], edgecolor='black',
            s=80, facecolors='none')
```

运行结果如下：

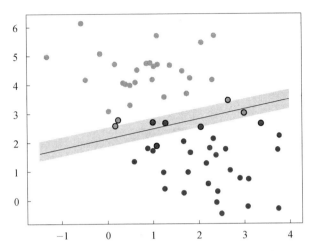

由于找不到间隔带将样本完全分开，所以软间隔允许 3 个样本出现在间隔带里。

步骤 12：进一步放松样本出现在间隔带的限制，可视化 SVM （C=0.2）。

```python
svm_model = SVC(kernel='linear', C=0.2)
svm_model.fit(X, y)
# 最优函数
w = svm_model.coef_[0]
b = svm_model.intercept_[0]
a = -w[0] / w[1]
y_3 = a*x_fit - b / w[1]
# 最大间隔下界
b_down = svm_model.support_vectors_[10]
y_down = a* x_fit + b_down[1] - a * b_down[0]
# 最大间隔上界
b_up = svm_model.support_vectors_[1]
y_up = a* x_fit + b_up[1] - a * b_up[0]
# 画散点图
plt.scatter(X[:, 0], X[:, 1], c=y, s=50, cmap=plt.cm.Paired)
# 画函数
plt.plot(x_fit, y_3, '-c')
# 画边距
plt.fill_between(x_fit, y_down, y_up, edgecolor='none', color='#AAAAAA', alpha=0.4)
# 画支持向量
plt.scatter(svm_model.support_vectors_[:, 0], svm_model.support_vectors_[:, 1], edgecolor='black',
            s=80, facecolors='none')
```

运行结果如下：

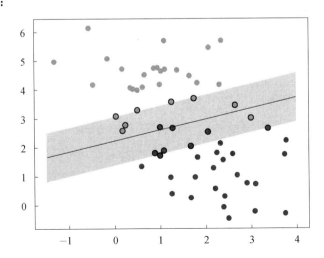

当 C=0.2 时，SVM 更具包容性，兼容更多的错分样本。

步骤 13：定义 3 级标题。

<font color="black">线性不可分</font>

运行结果如下：

线性不可分

步骤 14：当低维空间的数据不可分时，将其映射到高维空间。下面定义 4 级标题。

<font color="black">超平面</font>

运行结果如下：

超平面

步骤 15：构造线性不可分的模拟数据。

```
X, y = make_circles(100, factor=.1, noise=.1, random_state=0)
plt.scatter(X[:, 0], X[:, 1], c=y, s=50, cmap=plt.cm.Paired)
```

运行结果如下：

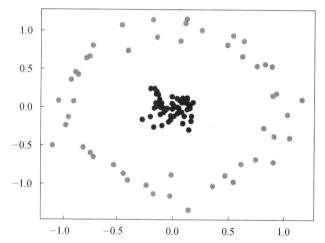

如果遇到这样的数据集，则没有办法利用线性分类器进行分类。

步骤 16：可以在将二维（低维）空间的数据映射到三维（高维）空间后，通过一个超平面切分数据，目的在于使用 SVM 在高维空间找到超平面。

```
# 画出映射到三维空间的数据
r = np.exp(-(X[:, 0] ** 2 + X[:, 1] ** 2))
ax = plt.subplot(projection='3d')
ax.scatter3D(X[:, 0], X[:, 1], r, c=y, s=50, cmap=plt.cm.Paired)
ax.set_xlabel('x')
ax.set_ylabel('y')
ax.set_zlabel('z')
# 画一个平面分隔样本
x_1, y_1 = np.meshgrid(np.linspace(-1, 1), np.linspace(-1, 1))
z =  0.01*x_1 + 0.01*y_1 + 0.5
ax.plot_surface(x_1, y_1, z, alpha=0.3)
```

运行结果如下：

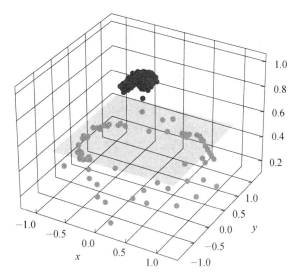

步骤 17：在 SVC 中使用高斯核函数，并令 kernel='rbf'。

```python
# 训练kernel='rbf'的SVC
clf = SVC(kernel='rbf')
clf.fit(X, y)
# 画出样本
plt.scatter(X[:, 0], X[:, 1], c=y, s=50, cmap=plt.cm.Paired)
# 构造meshgrid样本
x = np.linspace(-1, 1)
y = np.linspace(-1, 1)
x_1, y_1 = np.meshgrid(x, y)
P = np.zeros_like(x_1)
for i, xi in enumerate(x):
    for j, yj in enumerate(y):
        # 计算meshgrid样本的置信度
        P[i, j] = clf.decision_function(np.array([[xi, yj]]))
# 画出meshgrid等高线
ax = plt.gca()
ax.contour(x_1, y_1, P, colors='k', levels=[-1, 0, 0.9], alpha=0.5,
           linestyles=['--', '-', '--'])
# 画出支持向量
plt.scatter(clf.support_vectors_[:, 0], clf.support_vectors_[:, 1], edgecolor='b',
            s=80, facecolors='none')
```

运行结果如下：

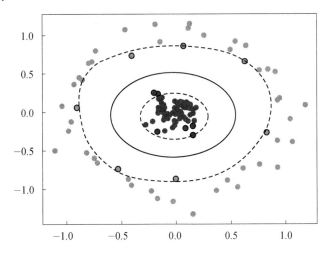

> **····▶ 知识专栏**　　　　　　　　**SVM 的优缺点**
>
> 1. 优点
>
> （1）有严格的数学理论支持，可解释性强，不依靠统计方法，简化算法流程。
>
> （2）能找出对任务至关重要的关键样本，即支持向量。
>
> （3）在采用该算法之后，可以处理非线性分类、回归任务。
>
> （4）决策函数只由少数的支持向量确定，计算的复杂性取决于支持向量的数量，而不是样本空间的维数，这在某种意义上避免了"维数灾难"。
>
> 2. 缺点
>
> （1）训练时间长。在有些情况下（比如 SMO），每次训练都需要挑选一对参数，因此时间复杂度为 $O(N^2)$，其中 N 为训练数据的数量。
>
> （2）当采用该算法时，如果需要存储矩阵，则空间复杂度为 $O(N^2)$。
>
> （3）在进行模型预测时，预测时间与支持向量的数量成正比，当支持向量较多时，复杂度较高。

7.2　手写数字识别

7.2.1　任务描述

7.2　手写数字识别

　　数据集由 optdigits.tra 和 optdigits.tes 组成，43 个人手写的数字经过 MNIST 提供的预处理程序处理后，其中有 30 个人手写的数字包含在 optdigits.tra（训练集）中，另外 13 个人手写的数字构成了 optdigits.tes（测试集）。将每个手写数字的 32×32 位图划分为 4×4 的非重叠块，并在每个块中计算可视化像素数量。最终，生成 8×8 的输入矩阵，每个矩阵元素都是 0～16 的整数，图 7-3 展示的是手写数字 0 的 8×8 矩阵。

	1	2	3	4	5	6	7	8
1	0	1	6	15	12	1	0	0
2	0	7	16	6	6	10	0	0
3	0	8	16	2	0	11	2	0
4	0	5	16	3	0	5	7	0
5	0	7	13	3	0	8	7	0
6	0	4	12	0	1	13	5	0
7	0	0	14	9	15	9	0	0
8	0	0	6	14	7	1	0	0

图 7-3　手写数字 0 的 8×8 矩阵

对应的样本向量为：

(0,1,6,15,12,1,0,0,0,7,16,6,6,10,0,0,0,8,16,2,0,11,2,0,0,5,16,3,0,5,7,0,0,7,13,3,0,8,7,0,0,4,12,0,1,13,5,0,0,0,14,9,15,9,0,0,0,0,6,14,7,1,0,0)。

任务目标：应用 SVM，实现手写数字识别功能。

7.2.2　任务分解

将文件读取到内存后，在训练集上训练模型，在测试集上评估模型，分析模型错分样本的原因。本任务可分解成 7 个子任务：依赖库导入；数据读取；数据转换；模型训练；参数查找；最优参数模型训练；错分样本可视化。

1. 子任务 1：依赖库导入

本任务依赖的第三方库有 Pandas、Matplotlib、sklearn、NumPy 等，可通过 import 命令导入。

2. 子任务 2：数据读取

使用 Pandas 把 optdigits.tra、optdigits.tes 读入 DataFrame 对象。

3. 子任务 3：数据转换

将 DataFrame 对象转换为 NumPy 特征和标签。

4. 子任务 4：模型训练

先构建模型，然后在训练集上训练模型，在测试集上评估模型精度。

5. 子任务 5：参数查找

使用交叉验证方法在参数子空间中找到模型的最优参数。

6. 子任务 6：最优参数模型训练

使用模型的最优参数重新在训练集上训练模型，在测试集上评估模型精度。

7. 子任务 7：错分样本可视化

对错分样本进行可视化，分析错分样本的特点，总结错分规律。

7.2.3　任务实施

根据任务分解可知，Jupyter 程序有 7 个 2 级标题，分别对应 7 个子任务。

1. 依赖库导入

步骤 1：定义 2 级标题。

```
## <font color="black">依赖库导入</font>
```

运行结果如下：

依赖库导入

步骤 2：依赖库导入。

```
import pandas as pd
import numpy as np
from sklearn.svm import SVC
from sklearn.metrics import accuracy_score
from sklearn.model_selection import GridSearchCV
import matplotlib.pyplot as plt
import matplotlib as mpl
```

2. 数据读取

步骤 1：定义 2 级标题。

`## <font color="black">数据读取</font>`

运行结果如下：

数据读取

步骤 2：读取训练集。

```
train_df = pd.read_csv("../data/optdigits.tra", dtype=int, header=None)
train_df.describe()
```

运行结果如下：

	0	1	2	3	4	5	6	7	8	9	...	55
count	3823.0	3823.000000	3823.000000	3823.000000	3823.000000	3823.000000	3823.000000	3823.000000	3823.000000	3823.000000	...	3823.000000	3823.00
mean	0.0	0.301334	5.481821	11.805912	11.451478	5.505362	1.387392	0.142297	0.002093	1.960502	...	0.148313	0.00
std	0.0	0.866986	4.631601	4.259811	4.537556	5.613060	3.371444	1.051598	0.088572	3.052353	...	0.767761	0.01
min	0.0	0.000000	0.000000	0.000000	0.000000	0.000000	0.000000	0.000000	0.000000	0.000000	...	0.000000	0.00
25%	0.0	0.000000	1.000000	10.000000	9.000000	0.000000	0.000000	0.000000	0.000000	0.000000	...	0.000000	0.00
50%	0.0	0.000000	5.000000	13.000000	13.000000	4.000000	0.000000	0.000000	0.000000	0.000000	...	0.000000	0.00
75%	0.0	0.000000	9.000000	15.000000	15.000000	10.000000	0.000000	0.000000	0.000000	3.000000	...	0.000000	0.00
max	0.0	8.000000	16.000000	16.000000	16.000000	16.000000	16.000000	5.000000	15.000000	12.000000	...	1.00

步骤 3：读取测试集。

```
test_df = pd.read_csv("../data/optdigits.tes", dtype=int, header=None)
```

3. 数据转换

步骤 1：定义 2 级标题。

`## <font color="black">数据转换</font>`

运行结果如下：

数据转换

步骤 2：将训练数据转换为 NumPy 类型的。

```
X_train = train_df.iloc[:, :-1].values
y_train = train_df.iloc[:, -1].values
X_train.shape, y_train.shape
```

运行结果如下：

`((3823, 64), (3823,))`

步骤 3：将测试数据转换为 NumPy 类型的。

```
X_test = test_df.iloc[:, :-1].values
y_test = test_df.iloc[:, -1].values
X_test.shape, y_test.shape
```

运行结果如下：

$$((1797, 64), (1797,))$$

4. 模型训练

步骤 1：定义 2 级标题。

```
## <font color="black">模型训练</font>
```

运行结果如下：

模型训练

步骤 2：构建模型。

```
model = SVC(kernel="rbf", random_state=0)
model.fit(X_train, y_train)
```

步骤 3：在测试集上评估模型。

```
y_test_pred = model.predict(X_test)
test_score = accuracy_score(y_test, y_test_pred)
"预测准确率：{:.2f}".format(test_score * 100)
```

运行结果如下：

'预测准确率：97.61'

5. 参数查找

调整 SVC 的初始化参数将影响模型性能，常用的初始化参数包括如下几个：

① kernel：核函数类型，常用值有"rbf"或"linear"，默认值是"rbf"。

② C：松弛系数的惩罚系数。如果 C 设定得较大，则可能选择边际较小的 SVC，能够更好地对所有训练点的决策边界进行分类；如果 C 设定得比较小，则 SVC 尽量最大化边界，决策功能更简单，但代价是训练的准确度降低。

③ gamma：核函数的系数，仅将参数 kernel 设置为"rbf""poly""sigmoid"之一有效。

接下来使用 GridSearchCV 搜索 kernel 和 C，找到最优参数。

步骤 1：定义 2 级标题。

```
## <font color="black">参数查找</font>
```

运行结果如下：

参数查找

步骤 2：搜索 kernel 和 C，找到最优参数。

```
params = {"kernel":["rbf", "linear"], "C":np.logspace(0, 3, 5)}
model = GridSearchCV(SVC(random_state=0, gamma=4e-4), param_grid=params, cv=5)
model.fit(X_train, y_train)
print("最优参数是：{}，它的精确度：{:.2f}".format(model.best_params_, model.best_score_ * 100))
```

运行结果如下：

最优参数是：{'C': 5.623413251903491, 'kernel': 'rbf'}，它的精确度：99.01

····⟩ 知识专栏　　　　　　　　　**numpy.logspace()函数**

　　NumPy 中的 logspace() 函数可以在指定范围内生成等比数列，以 10 为底数取对数。比如，生成 $10^0 \sim 10^4$ 的 5 个数，可以使用 logspace(0,4,5) 函数。

---

6. 最优参数模型训练

步骤 1：定义 2 级标题。

> ## <font color="black">最优参数模型训练</font>

运行结果如下：

> **最优参数模型训练**

步骤 2：在训练集上重新训练模型。

```
model = SVC(kernel=model.best_params_["kernel"], C=model.best_params_["C"],
            gamma=4e-4, random_state=0)
model.fit(X_train, y_train)
```

步骤 3：在测试集上重新评估模型。

```
y_test_pred = model.predict(X_test)
test_score = accuracy_score(y_test, y_test_pred)
"预测准确率：{:.2f}".format(test_score * 100)
```

运行结果如下：

> '预测准确率：97.83'

最优参数模型训练与默认参数模型训练相比，预测准确率从 97.61 提高到 97.83。

7. 错分样本可视化

步骤 1：定义 2 级标题。

> ## <font color="black">错分样本可视化</font>

运行结果如下：

> **错分样本可视化**

步骤 2：使 Matplotlib 支持中文字符。

```
mpl.rcParams['font.sans-serif'] = ['SimHei']
```

步骤 3：筛选错分的数字图像。

```
err_images = X_test[y_test != y_test_pred]
err_y_hat = y_test_pred[y_test != y_test_pred]
err_y = y_test[y_test != y_test_pred]
```

步骤 4：显示错分的数字图像。

```
for index, image in enumerate(err_images):
    image = image.reshape(8, 8)
    if index >= 12:
        # 只显示12张数字图像
        break
    # 在index+1位置显示数字图像
    plt.subplot(3, 4, index + 1)
    plt.imshow(image, cmap=plt.cm.gray_r, interpolation='nearest')
    plt.title('{}错分为{}'.format(err_y[index],err_y_hat[index]))
plt.tight_layout()
```

运行结果如下:

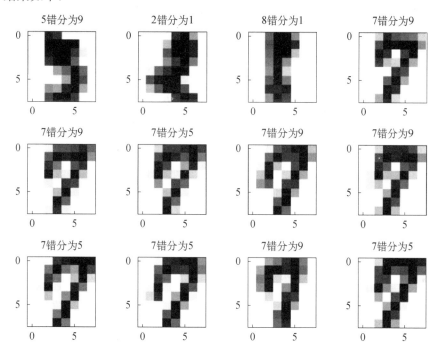

可以看出, 7 是最容易被错分的, 经常被错分为 5 或 9。

7.3　传感器连通预测

7.3.1　任务描述

7.3　传感器连通预测

半导体制造工艺数据集由 3 个文件 (sensor_train.csv、sensor_test.csv、sensor_test_label.csv) 组成, 其中训练文件 (sensor_train.csv) 含 1253 个样本, 每个样本含 591 个特征 (1 个 stimestamp 特征, 590 个数据特征) 和 1 个 labels 标签 (0: 成功, 1: 失败); 测试文件 (sensor_test.csv) 含 314 个样本, 每个样本含 591 个特征; 测试标签文件 (sensor_test_label.csv) 含 314 个分类标签, 其中传递失败记录含 20 个 (labels 为 1), 传递成功记录含 294 个 (labels 为 0), 通过第 1 列的索引对应测试文件 (sensor_test.csv) 的样本特征。详细的字段描述如表 7-2 所示。

表 7-2   半导体制造工艺数据集详细的字段描述

字段	类型	是否允许为空	是否有标签	例子
编号	int	否	否	415
timestamp（记录时间）	date	否	否	格式：YYYY-MM-DD hh:mm:ss 例如：2008-07-10 11:36:00
x0, x1, …, x589	float	否	否	20.3091
labels	float	否	是	0，1

任务目标：

应用 SVM，训练一个可以智能监测半导体制造过程的分类模型，评估传感器内部测试是否顺利通过（二值分类问题），并通过测试集获得最优参数。

7.3.2   任务分解

将数据集读取到内存后，在训练集上采用交叉验证方法找到最优参数，训练含最优参数的模型，可视化模型在测试集上的 AUC（详细介绍见后文）。本任务可分解成 8 个子任务：依赖库导入；数据探查；特征工程；数据清洗；数据转换；模型训练；参数查找；最优参数模型训练。

1. 子任务 1：依赖库导入

本任务依赖的第三方库有 Pandas、Matplotlib、sklearn、NumPy 等，可通过 import 命令导入。

2. 子任务 2：数据探查

使用 Pandas 把 sensor_train.csv、sensor_test.csv 读入 DataFrame 对象。

3. 子任务 3：特征工程

在原有特征基础上构造统计特征。

4. 子任务 4：数据清洗

删除与任务无关的或冗余的数据。

5. 子任务 5：数据转换

将数据集切分为训练集和测试集，实施标准化转换、归一化转换和降维。

6. 子任务 6：模型训练

先构建模型（SVM），然后在训练集上训练模型，在测试集上评估模型精度并绘制 AUC 曲线。

7. 子任务 7：参数查找

使用交叉验证方法在参数子空间中找到模型的最优参数。

8. 子任务 8：最优参数模型训练

使用模型的最优参数重新在训练集上训练模型，在测试集上评估模型的精度和可视化 AUC。

7.3.3　任务实施

根据任务分解可知，程序有 8 个 2 级标题，分别对应 8 个子任务。

1. 依赖库导入

步骤 1：定义 2 级标题。

```
## <font color="black">依赖库导入</font>
```

运行结果如下：

依赖库导入

步骤 2：依赖库导入。

```python
import pandas as pd
import numpy as np
from sklearn.svm import SVC
from sklearn.metrics import accuracy_score
from sklearn.model_selection import GridSearchCV
import matplotlib.pyplot as plt
import matplotlib as mpl
from sklearn.preprocessing import StandardScaler, Normalizer
from sklearn.decomposition import PCA
from sklearn.metrics import roc_auc_score, roc_curve
from scipy.stats import median_abs_deviation
```

2. 数据探查

步骤 1：定义 2 级标题。

```
## <font color="black">数据探查</font>
```

运行结果如下：

数据探查

步骤 2：定义 3 级标题。

```
### <font color="black">训练集</font>
```

运行结果如下：

训练集

步骤 3：读取训练集。

```python
train_df = pd.read_csv("../data/sensor_train.csv", index_col=0, parse_dates=['timestamp'])
train_df.shape
```

运行结果如下：

```
(1253, 592)
```

步骤 4：查看前 5 个样本。

```python
train_df.head()
```

运行结果如下：

	timestamp	x0	x1	x2	x3	x4	x5	x6	x7	x8	...	x581	x582	x583	x584	x585	x586	x587	x588	x589	labels
415	2008-07-10 11:36:00	2852.18	2573.94	2216.8333	1468.5974	1.7074	100.0	95.9856	0.1203	1.4832	...	186.4769	0.5027	0.0157	0.0037	3.1321	0.0211	0.0393	0.0124	186.4769	0.0
879	2008-08-29 13:49:00	2992.15	2538.05	2162.8445	1312.3198	0.8286	100.0	100.3633	0.1242	1.4509	...	NaN	0.5008	0.0115	0.0035	2.2979	-0.0012	0.0252	0.0081	0.0000	0.0
413	2008-07-10 11:15:00	2981.04	2475.90	2215.8111	1389.3065	2.3183	100.0	98.4500	0.1214	1.5033	...	NaN	0.4973	0.0146	0.0039	2.9343	0.0106	0.0075	0.0025	71.0842	0.0
58	2008-02-09 01:36:00	2954.46	2449.48	2236.0667	1680.1825	1.4834	100.0	98.6889	0.1221	1.5089	...	38.7106	0.4995	0.0215	0.0051	4.3030	0.0297	0.0115	0.0040	38.7106	0.0
354	2008-06-10 12:39:00	3024.48	2538.13	2207.9555	1283.4368	1.8467	100.0	95.4022	0.1216	1.4288	...	NaN	0.5022	0.0112	0.0029	2.2287	0.0077	0.0149	0.0041	193.4633	0.0

5 rows × 592 columns

将 "timestamp" 列解析为 datetime 格式的数据。

步骤 5：查看字段信息。

train_df.info()

运行结果如下：

```
Index: 1253 entries, 415 to 1126
Columns: 592 entries, timestamp to labels
dtypes: datetime64[ns](1), float64(591)
memory usage: 5.7 MB
```

可知训练集有 1253 个样本、592 个字段（591 个特征+1 个标签），"labels" 是标签。

步骤 6：定义 3 级标题。

<font color="black">测试集</font>

运行结果如下：

测试集

步骤 7：读取测试集。

```
test_df = pd.read_csv("../data/sensor_test.csv", index_col=0, parse_dates=['timestamp'])
test_df.shape
```

运行结果如下：

(314, 591)

步骤 8：查看前 5 个样本。

test_df.head()

运行结果（部分）如下：

	timestamp	x0	x1	x2	x3	x4	x5	x6	x7	x8	...	x580	x581	x582	x583	x584	x585	x586	x587	x588	x589
548	2008-08-15 09:38:00	2977.98	2384.66	2212.7111	1062.6288	1.3848	100.0	101.9300	0.1212	1.4310	...	NaN	NaN	0.5073	0.0157	0.0040	3.0935	0.0123	0.0094	0.0026	76.4584
664	2008-08-20 02:13:00	3081.75	2442.26	2196.6889	1593.1220	1.5925	100.0	99.1133	0.1226	1.4609	...	0.0054	73.1502	0.5003	0.0089	0.0029	1.7768	0.0238	0.0174	0.0054	73.1502
730	2008-08-21 23:27:00	3083.97	2311.42	2205.2222	1427.3840	1.4633	100.0	106.8389	0.1215	1.5016	...	NaN	NaN	0.4992	0.0113	0.0029	2.2673	0.0056	0.0071	0.0025	127.2483
405	2008-07-10 08:25:00	3053.36	2538.38	2192.1889	1435.9611	2.3870	100.0	107.3989	0.1229	1.4487	...	NaN	NaN	0.4981	0.0230	0.0054	4.6109	0.0295	0.0154	0.0045	52.2049
175	2008-03-10 00:55:00	3182.87	2467.44	2162.1333	998.9095	0.8826	100.0	104.9722	0.1246	1.4248	...	NaN	NaN	0.5006	0.0279	0.0052	5.5762	0.0137	0.0326	0.0108	237.4625

5 rows × 591 columns

与训练集相比，测试集少了 "labels"。

步骤 9：查看字段信息。

test_df.info()

运行结果如下：

```
Index: 314 entries, 548 to 208
Columns: 591 entries, timestamp to x589
dtypes: datetime64[ns](1), float64(590)
memory usage: 1.4 MB
```

可知测试集有 314 个样本、591 个字段（591 个特征+0 个标签）。另外，测试集和训练集的索引是唯一的，合并后的索引用来关联样本来源。

3. 特征工程

根据原有特征构造新特征。

步骤 1：定义 2 级标题。

```
## <font color="black">特征工程</font>
```

运行结果如下：

特征工程

步骤 2：从训练集中删除"labels"列，与测试集按行合并。

```
all_df = pd.concat([train_df.drop('labels', axis=1), test_df])
all_df.shape
```

运行结果如下：

```
(1567, 591)
```

步骤 3：按照索引进行升序排列。

```
all_df = all_df.sort_index()
all_df.head()
```

运行结果如下：

	timestamp	x0	x1	x2	x3	x4	x5	x6	x7	x8	...	x580	x581	x582	x583	x584	x585	x586	x587	x588	x589
0	2008-01-08 02:02:00	3016.64	2492.80	2246.4889	1006.9548	1.0997	100.0	103.3222	0.1184	1.5068	...	0.0018	20.8909	0.4984	0.0146	0.0040	2.9336	0.0296	0.0062	0.0018	20.8909
1	2008-01-08 05:52:00	2980.84	2628.76	2187.5222	1268.6598	1.4503	100.0	102.4622	0.1233	1.4672	...	0.0150	187.3554	0.5010	0.0289	0.0061	5.7753	0.0297	0.0556	0.0150	187.3554
2	2008-01-08 10:20:00	2847.81	2461.38	2202.7111	1010.4454	1.0032	100.0	104.3067	0.1225	1.4970	...	0.0032	33.4515	0.4970	0.0093	0.0028	1.8722	0.0343	0.0115	0.0032	33.4515
3	2008-01-08 10:26:00	NaN	2544.52	2202.7111	1010.4454	1.0032	100.0	104.3067	0.1225	1.4727	...	0.0064	134.2014	0.5053	0.0121	0.0029	2.3957	0.0139	0.0187	0.0064	134.2014
4	2008-01-08 11:28:00	2975.64	2508.28	2202.7111	1010.4454	1.0032	100.0	104.3067	0.1225	1.5079	...	NaN	NaN	0.5001	0.0119	0.0033	2.3709	0.0139	0.0187	0.0064	134.2014

5 rows × 591 columns

步骤 4：定义 feature_engineering()函数，构造新特征。

```
def feature_engineering(data):
    new_data = pd.DataFrame()
    new_data["count(x)"] = data.count(axis=1)#按行统计new_data中非NAN的个数
    new_data["sum(x)"] = data.iloc[:, 1:].sum(axis=1)#按行统计和
    new_data["mean(x)"] = data.iloc[:, 1:].mean(axis=1)#按行统计平均值
    new_data["mad(x)"] = median_abs_deviation(data.iloc[:, 1:], axis=1, nan_policy="omit")#按行统计中位数绝对偏差
    new_data["median(x)"] = data.iloc[:, 1:].median(axis=1)#按行统计中位数
    new_data["min(x)"] = data.iloc[:, 1:].min(axis=1)#按行取最小值
    new_data["max(x)"] = data.iloc[:, 1:].max(axis=1)#按行取最大值
    new_data["prod(x)"] = data.iloc[:, 1:].prod(axis=1)#按行返回不同维度上的乘积
    new_data["std(x)"] = data.iloc[:, 1:].std(axis=1)#按行求标准差
    new_data["var(x)"] = data.iloc[:, 1:].var(axis=1)#按行返回无偏误差
    new_data["skew(x)"] = data.iloc[:, 1:].skew(axis=1)#按行返回无偏偏度
    new_data["kurt(x)"] = data.iloc[:, 1:].kurt(axis=1)#按行返回无偏峰度
    new_data["month(timestamp)"] = data["timestamp"].dt.month #获取时间戳中的月份
    new_data["day(timestamp)"] = data["timestamp"].dt.day #获取时间戳中的日
    new_data["hour(timestamp)"] = data["timestamp"].dt.hour #获取时间戳中的小时
    new_data["weekday(timestamp)"] = data["timestamp"].dt.weekday #获取时间戳中的星期数

    return new_data
new_features = feature_engineering(all_df)
```

步骤 5：将新特征添加到数据集中。

```
print("原数据集形状: {}".format(all_df.shape))
features = pd.concat([all_df, new_features], axis=1)
print("添加新特征后的数据集形状: {}".format(features.shape))
```

运行结果如下：

```
原数据集形状: (1567, 591)
添加新特征后的数据集形状: (1567, 607)
```

4. 数据清洗

步骤 1：定义 2 级标题。

```
## <font color="black">数据清洗</font>
```

运行结果如下：

数据清洗

步骤 2："month（timestamp）""day（timestamp）""hour（timestamp）""weekday（timestamp）"4 个特征都包含"timestamp"列的内容，删除"timestamp"列。

```
features = features.drop('timestamp', axis=1)
```

步骤 3：用 0 填充空值。

```
features = features.fillna(0)
```

5. 数据转换

步骤 1：定义 2 级标题。

```
## <font color="black">数据转换</font>
```

运行结果如下：

数据转换

步骤 2：将新数据集切分成训练集和测试集，用 DataFrame.index 关联对应的数据来源。

```
X_train = features.iloc[train_df.index, :]
X_test = features.iloc[test_df.index, :]
X_train.shape, X_test.shape
```

运行结果如下：

```
((1253, 606), (314, 606))
```

步骤 3：标准化数据。

```
scaler = StandardScaler()
X_train_scaled = scaler.fit_transform(X_train)
X_test_scaled = scaler.transform(X_test)
print("原数据为: \n", X_train.iloc[0, 0:5])
print("标准化后的数据为: \n", X_train_scaled[0][0:5])
```

运行结果如下：

```
原数据为：
 x0    2852.1800
 x1    2573.9400
 x2    2216.8333
 x3    1468.5974
 x4       1.7074
Name: 415, dtype: float64
标准化后的数据为：
 [-0.73694638  0.47561874  0.17509518  0.20185886 -0.05043423]
```

步骤 4：正则化数据。

```
normalizer = Normalizer()
X_train_normalized = normalizer.fit_transform(X_train_scaled)
X_test_normalized = normalizer.transform(X_test_scaled)
print("正则化后的数据为: \n", X_train_normalized[0][0:5])
```

运行结果如下：

```
正则化后的数据为：
 [-0.04201451  0.0271158   0.00998246  0.0115083  -0.00287534]
```

步骤 5：特征太多会影响预测结果，将维度降低到 20。

```
pca = PCA(n_components=20, random_state=0)
X_train_decomposed = pca.fit_transform(X_train_normalized)
X_test_decomposed = pca.transform(X_test_normalized)
X_train_decomposed.shape, X_test_decomposed.shape
```

运行结果如下：

```
((1253, 20), (314, 20))
```

6. 模型训练

步骤 1：定义 2 级标题。

```
## <font color="black">模型训练</font>
```

运行结果如下：

模型训练

步骤 2：读入训练集和测试集标签。

```
y_train = train_df.loc[:, "labels"].values
test_label_data = pd.read_csv("../data/sensor_test_label.csv", index_col=0)
y_test = test_label_data.loc[:, "labels"]
```

步骤 3：在训练集上训练模型。

```
model = SVC(kernel='rbf', random_state=0)
model.fit(X_train_decomposed, y_train)
```

步骤 4：在测试集上评估模型。

```
y_test_pred = model.predict(X_test_decomposed)
test_score = accuracy_score(y_test, y_test_pred)
"准确率: {:.2f}".format(test_score * 100)
```

运行结果如下：

'准确率: 93.63'

步骤 5：虽然模型准确率很高，但 AUC 未必，继续分析 AUC。

```
test_auc = roc_auc_score(y_test, y_test_pred)
"AUC: {}".format(test_auc)
```

运行结果如下：

'AUC: 0.5'

> **知识专栏**　　　　　　**监督学习性能指标**
>
> TP 是预测值和真值都为 1 的样本数，FN 是预测值为 0、真值为 1 的样本数，FP 是预测值为 1、真值为 0 的样本数，TN 是预测值和真值都为 0 的样本数。常用的监督学习性能指标如下：
>
> 1. 准确率（Accuracy）
> 预测正确的样本（TP+TN）占总样本的比例。
>
> $$Accuracy = \frac{TP+TN}{TP+FN+FP+TN}$$
>
> 2. 精确率（Precision）
> 预测的真正例（TP）占预测为正样本的所有样本的比例。
>
> $$Precision = \frac{TP}{TP+FP}$$
>
> 3. 召回率/查全率（Recall）
> 预测的真正例（TP）占实际为正例数（即所有正样本）的比例。
>
> $$Recall = \frac{TP}{TP+FN}$$
>
> 4. ROC 曲线
> ROC 曲线的英文全称为"Receiver Operating Characteristic Curve"，即受试者工作特征曲线，是根据一系列不同的二分类方式（分界值或决定阈），以真阳性率（True Positive Rate，TPR）为纵坐标、假阳性率（False Positive Rate，FPR）为横坐标绘制的曲线。
> TPR 计算公式：
>
> $$TPR = \frac{TP}{TP+FN}$$
>
> FPR 计算公式：

$$FPR = \frac{FP}{FP+TN}$$

5. AUC

AUC 的英文全称为 "Area Under the Curve of ROC"，即 ROC 曲线下方与坐标轴围成的面积。例如，在图 7-4 中，AUC=0.84。

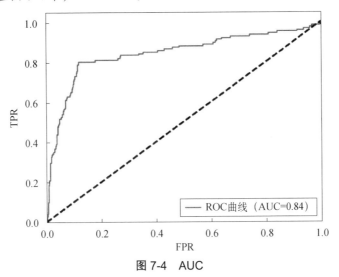

图 7-4　AUC

当样本分布不平衡时，只有准确率不能反映分类器的好坏。比如，数据集有 9 个正类样本（真值为 0）、1 个负类样本（真值为 1），最简单的分类器就是把所有的样本都预测为 0，那么精度就是 90%，显然这样的分类器没有价值。如果用 AUC 评价这个最简单的分类器就会发现，ROC 曲线就是 1 条斜率为 1 的斜线，AUC 是 ROC 曲线下方与坐标轴围成的面积，取值一般为 0.5～1，这为我们提供了一个除精度以外的性能指标。

7. 参数查找

接下来使用 GridSearchCV 搜索 C 和 gamma 的取值空间，找到性能最优的 AUC 指标。

步骤 1：定义 2 级标题。

> ## \<font color="black"\>参数查找\</font\>

运行结果如下：

> **参数查找**

步骤 2：查看样本标签的分布。

```
ir = np.sum(y_train==0)/np.sum(y_train==1)
f"不平衡率: {ir:.2f}"
```

运行结果如下：

> '不平衡率: 13.92'

结果表明，正、负类样本严重不平衡，应尝试设置 class_weight 参数。

步骤 3：评估 "class_weight = 14" 时的模型的准确率。

```
model = SVC(kernel='rbf', class_weight={0: 1, 1: 14}, random_state=0)
model.fit(X_train_decomposed, y_train)
y_test_pred = model.predict(X_test_decomposed)
print("准确率: {:.2f}".format(test_score * 100))
test_auc = roc_auc_score(y_test, y_test_pred)
print("AUC: {:.4f}".format(test_auc))
```

运行结果如下：

准确率: 93.63
AUC: 0.5815

步骤 4：查找最优的 C 和 gamma。

```
params = { "C":np.logspace(0, 3, 3), "gamma":np.logspace(-3, 0, 3)}
gs = GridSearchCV(SVC(kernel='rbf', class_weight={0: 1, 1: 14}, random_state=0),
                param_grid=params, cv=5, scoring="roc_auc")
gs.fit(X_train_decomposed, y_train)
print("最优的参数是: {}, AUC: {:.4f}".format(gs.best_params_, gs.best_score_))
```

运行结果如下：

最优的参数是: {'C': 1.0, 'gamma': 1.0}，AUC: 0.6604

8. 最优参数模型训练

步骤 1：定义 2 级标题。

\<font color="black">最优参数模型训练\</font>

运行结果如下：

最优参数模型训练

步骤 2：在训练集上重新训练模型。

```
model = SVC(kernel='rbf', random_state=0, class_weight={0: 1, 1: 14},
            C=gs.best_params_["C"], gamma=gs.best_params_["gamma"])
model.fit(X_train_decomposed, y_train)
```

步骤 3：在测试集上重新评估模型。

```
y_test_pred = model.predict(X_test_decomposed)
test_score = accuracy_score(y_test, y_test_pred)
"准确率: {:.2f}".format(test_score * 100)
```

运行结果如下：

'准确率: 64.01'

步骤 4：虽然准确率降低了，但 AUC 的值变大了。

```
test_auc = roc_auc_score(y_test, y_test_pred)
"AUC: {:.4f}".format(test_auc)
```

运行结果如下：

'AUC: 0.691327'

步骤 5：计算 tpr（TPR）和 fpr（FPR），thresholds 可取位于 deci 最小值和最大值之间的

值及无穷大。

```
deci = model.decision_function(X_test_decomposed)
fpr, tpr, thresholds = roc_curve(y_test, y_score=deci, pos_label=1)
fpr, tpr, thresholds
```

运行结果如下：

```
(array([0.        , 0.00340136, 0.01020408, 0.01020408, 0.03061224,
        0.03061224, 0.03401361, 0.03401361, 0.05102041, 0.05102041,
        0.07482993, 0.07482993, 0.08843537, 0.08843537, 0.10204082,
        0.10204082, 0.10544218, 0.10544218, 0.17687075, 0.17687075,
        0.20068027, 0.20068027, 0.23809524, 0.23809524, 0.24829932,
        0.24829932, 0.30612245, 0.30612245, 0.36394558, 0.36394558,
        0.38095238, 0.38095238, 0.46598639, 0.46598639, 0.50680272,
        0.50680272, 0.6122449 , 0.6122449 , 0.78571429, 0.78571429,
        1.        ]),
 array([0.  , 0.  , 0.  , 0.05, 0.05, 0.1 , 0.1 , 0.15, 0.15, 0.2 , 0.2 ,
        0.25, 0.25, 0.3 , 0.3 , 0.35, 0.35, 0.4 , 0.4 , 0.45, 0.45, 0.55,
        0.55, 0.6 , 0.6 , 0.65, 0.65, 0.7 , 0.7 , 0.75, 0.75, 0.8 , 0.8 ,
        0.85, 0.85, 0.9 , 0.9 , 0.95, 0.95, 1.  , 1.  ]),
 array([       inf,  1.57706737,  1.47290883,  1.40113799,  1.22225252,
         1.18280597,  1.17772777,  1.14008446,  1.00944255,  1.00062859,
         0.9448314 ,  0.90466577,  0.85426449,  0.81086012,  0.78737215,
         0.78291627,  0.78287133,  0.78009165,  0.55428677,  0.54081132,
         0.50274565,  0.4880749 ,  0.38789616,  0.37750524,  0.35403641,
         0.35255952,  0.15052318,  0.14528818,  0.01536524,  0.0082013 ,
        -0.0229219 , -0.02640134, -0.19648184, -0.1975168 , -0.2899774 ,
        -0.29118211, -0.55382018, -0.56955369, -1.05284033, -1.05736991,
        -2.65507315]))
```

步骤 6：使 Matplotlib 在画图时的显示中文字体。

```
mpl.rcParams['font.sans-serif'] = ['SimHei']
```

步骤 7：画出 ROC 曲线。

```
plt.plot(fpr,tpr, "k--", label=f"AUC（面积{test_auc:.4f}）")
plt.xlabel("假阳率")
plt.ylabel("真阳率")
plt.legend(loc="lower right")
```

运行结果如下：

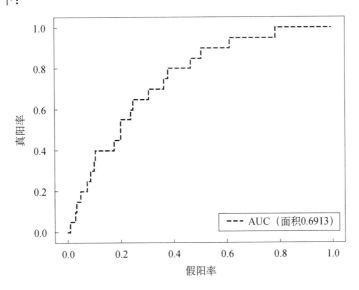

小　结

（1）分类型特征需要在使用 OrdinalEncoder () 函数转换为数值型索引后参与训练。

（2）分类型标签需要在使用 LabelEncoder () 函数转换为数值型索引后参与训练。

（3）包含空值的样本会在填充默认值（如平均值）后保留，其他包含空值的样本将被删除。

（4）SVM 可处理线性可分和线性不可分的数据。

（5）SVM 使用 kernel='rbf' 会将低维的线性不可分数据映射到高维的线性可分数据。

（6）在数据分布不平衡情况下，评估 AUC 更重要。

习　题

一、选择题

1. 英文缩写 AUC 的全称是（　　）。

A. Area Under the Circle of ROC

B. Arc Under the Curve of ROC

C. Area Under the Curve of RPC

D. Area Under the Curve of ROC

2. SVC 类初始化参数 kernel='rbf' 目的在于（　　）。

A. 数据线性不可分

B. 数据线性可分

C. 硬间隔

D. 软间隔

3. LabelEncoder () 函数用于（　　）。

A. 将分类型标签转换为数值型索引

B. 给标签加密

C. 将标签解密

D. 将分类型特征转换为数值型索引

4. OrdinalEncoder () 函数用于（　　）。

A. 将分类型标签转换为数值型索引

B. 给特征加密

C. 将特征解密

D. 将分类型特征转换为数值型索引

5. numpy.logspace(0,4,5)返回（　　）。

A. array([0.0001,0.001,0.01,0.1,1])

B. array([1,10,100,1000,10000])

C. array([1,e,e^2,e^3,e^4])

D. array([0,1,2,3,4])

二、填空题

1. 软间隔相比于硬间隔而言，允许个别样本出现在间隔带中。SVC 对错分的数据进行惩罚，参数 C 就是惩罚参数，惩罚参数越小，SVM 越具包容性（　　）。

2. GridSearchCV 使用（　　）方法在参数子空间中找到模型的最优参数。

3. ROC 曲线以（　　）为纵坐标、（　　）为横坐标。

三、操作题

titanic.csv 数据集包含泰坦尼克号的乘客信息，标签为 0（死亡）或 1（幸存），编写程序，完成下面任务：

（1）删除"PassengerId""Name""Ticket""Cabin""Embarked"。

（2）用"Age"的中位数填充该列的缺失值。

（3）切分 80%的数据构建训练集，20%的数据构建测试集，训练 SVM 模型。

（4）预测乘客是否能幸存，样本如下：

PClass=1、Name="Beesley,Mr. Lawrence"、Sex=female、Age=34、SibSp=0、Parch=0、Ticket=248698、Fare=13、Carbin=D56、Embarked=S。

模块 8　基于 K-平均值的聚类

    K-平均值（K-Means）通过相似性度量将相近样本归为同一个子集（簇），使得相同子集中各元素间的差异最小，而不同子集间的元素差异最大。K-平均值被提出已经超过 50 年，但仍然是应用最广泛、地位最重要的空间数据划分聚类方法之一，在邮件识别、人群细分、图像压缩、新闻归档、保险欺诈检测等领域都有着成熟应用。本模块基于 3 个聚类任务，使用 K-平均值从数据中创建模型并基于模型将样本划分到不同子集中，在具体任务中运用 K-平均值解决聚类问题。在任务实施过程中，介绍 K-平均值的算法思想、数据清洗、数据标准化、降维、最优 K 值查找等知识，以及 sklearn 接口，从而培养应用 sklearn 库解决聚类问题的能力。

技 能 要 求

    （1）掌握将 CSV 文件读入 DataFrame 对象的方法。
    （2）掌握将文本转换为索引型数值的方法。
    （3）能够使用 minmax_scale()函数归一化特征。
    （4）能够使用 PCA 类降低数据维度。
    （5）掌握训练 K-平均值模型的方法。
    （6）掌握使用轮廓系数评价聚类性能的方法。
    （7）能够可视化聚类结果。
    （8）能够将簇映射到具体类。
    （9）掌握不失真压缩图像的方法。

学 习 导 览

    本模块的学习导览图如图 8-1 所示。

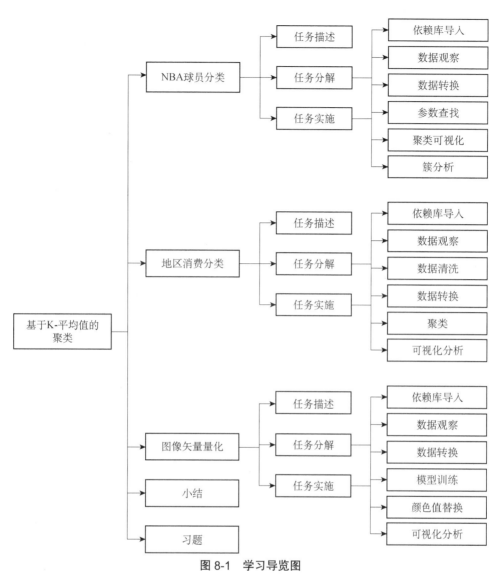

图 8-1　学习导览图

8.1　NBA 球员分类

8.1.1　任务描述

8.1　NBA 球员分类

数据集 players.csv 是 NBA 球员的统计数据集,有 286 位球员在球场上的各方面表现数据。本任务将使用 K-平均值将球员划分到簇中,并定义簇的具体分类。该数据集详细的字段描述如表 8-1 所示。

表 8-1　数据集 players.csv 详细的字段描述

字段	类型	是否允许为空	是否有标签	例子
排名	int	否	是	1
球员名字	str	否	否	詹姆斯·哈登

（续表）

字段	类型	是否允许为空	是否有标签	例子
球队	str	否	否	火箭
得分	float	否	否	31.9
命中-出手	str	否	否	9.60-21
命中率	float	否	否	0.45399999999999996
命中-三分	str	否	否	4.20-10.70
三分命中率	float	否	否	0.397
命中-罚球	str	否	否	8.50-9.90
罚球命中率	float	否	否	0.861
场次	int	否	否	30
上场时间	float	否	否	36.1

任务目标：使用 K-平均值聚类数据集 players.csv 中的 286 位球员，分析簇代表的球员的特点。

8.1.2　任务分解

通过数据清洗和数据转换加工原始数据，使用轮廓系数评价聚类性能，找到 K-平均值的最优 K 值。本任务可分解成 6 个子任务：依赖库导入；数据观察；数据转换；参数查找；聚类可视化；簇分析。

1. 子任务 1：依赖库导入

本任务依赖的第三方库有 Pandas、NumPy、Matplotlib、sklearn 等，可通过 import 命令导入。

2. 子任务 2：数据观察

使用 Pandas 将数据集读入 DataFrame 对象，检测空值，观察数据分布。

3. 子任务 3：数据转换

将数据转换（归一化）到(0,1)区间。

4. 子任务 4：参数查找

使用轮廓系数评价聚类性能，找到最优 K 值。

5. 子任务 5：聚类可视化

使用经最优 K 值训练的模型可视化数据分布。

6. 子任务 6：簇分析

观察不同簇的数据分布，将簇指定到具体的类中。

8.1.3　任务实施

根据任务分解可知，程序有 6 个 2 级标题，分别对应 6 个子任务。

1. 依赖库导入

步骤 1：定义 2 级标题。

```
## <font color="black">依赖库导入</font>
```

运行结果如下：

依赖库导入

步骤 2：依赖库导入。

```python
import pandas as pd
import seaborn as sbn
import matplotlib.pyplot as plt
from sklearn.preprocessing import minmax_scale
from sklearn.cluster import KMeans
from sklearn.metrics import silhouette_score
import numpy as np
```

2. 数据观察

在将数据集读入 DataFrame 对象后，观察字段内容和空值。

步骤 1：定义 2 级标题。

```
## <font color="black">数据观察</font>
```

运行结果如下：

数据观察

步骤 2：观查前 5 个样本。

```python
players = pd.read_csv("../data/players.csv")
players.head()
```

运行结果如下：

	排名	球员名字	球队	得分	命中-出手	命中率	命中-三分	三分命中率	命中-罚球	罚球命中率	场次	上场时间
0	1	詹姆斯·哈登	火箭	31.9	9.60-21.10	0.454	4.20-10.70	0.397	8.50-9.90	0.861	30	36.1
1	2	扬尼斯·阿德托昆博	雄鹿	29.7	10.90-19.90	0.545	0.50-1.70	0.271	7.50-9.80	0.773	28	38.0
2	3	勒布朗·詹姆斯	骑士	28.2	10.80-18.80	0.572	2.10-5.10	0.411	4.50-5.80	0.775	32	37.3
3	4	斯蒂芬·库里	勇士	26.3	8.30-17.60	0.473	3.60-9.50	0.381	6.00-6.50	0.933	23	32.6
4	4	凯文·杜兰特	勇士	26.3	9.70-19.00	0.510	2.50-6.30	0.396	4.50-5.10	0.879	26	34.8

步骤 3：查看字段是否包含空值。

```python
players.isnull().sum()
```

运行结果如下：

```
排名            0
球员名字          0
球队            0
得分            0
命中-出手         0
命中率           0
命中-三分         0
三分命中率          0
命中-罚球         0
罚球命中率          0
场次            0
上场时间          0
dtype: int64
```

步骤 4：使 Matplotlib 正常显示中文字符和负号。

```
plt.rcParams['font.sans-serif'] = ['SimHei']
plt.rcParams['axes.unicode_minus'] = False
```

步骤 5：可视化数据分布，即可视化聚类结果。

```
sbn.lmplot(x="得分", y="命中率", data = players,
        fit_reg=False, scatter_kws={"alpha":0.8, "color":"steelblue"})
```

运行结果如下：

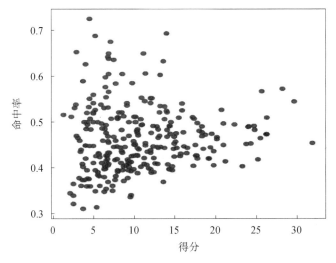

可以看出，左下角的样本比较集中，故归为一类；左上角的样本密度较低，故归为另一类；右上角、右下角的样本密度较低，再归为一类，因此将 K-平均值的 K 值设为 3。

····》 知识专栏   K-平均值的算法解算流程

K-平均值的基本思想：以空间中的 k 个样本点为中心进行聚类，将靠近它们的对象进行归类。通过迭代更新各聚类中心的值，直至得到最好的聚类结果，体现了"物以类聚、人以群分"，具体流程如下：

步骤 1：从 n 个样本中随机选取 k 个，作为初始的聚类中心。

步骤 2：分别计算每个样本到各个聚类中心的距离，并逐个分配到距离其最近的簇中。

步骤 3：在所有样本分配完成后，更新 k 个聚类中心的位置，将聚类中心定义为簇内所有对象在各个维度的平均值。

步骤 4：与前一次计算得到的 k 个聚类中心比较，如果聚类中心发生变化，则转至步骤 2，否则转至步骤 5。

步骤 5：当聚类中心不再发生变化时，停止执行。

图 8-2 演示了 K-平均值的迭代过程。经过 2 次更新簇和聚类中心，聚类结果趋于稳定。

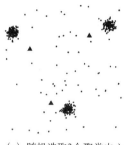 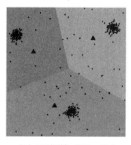 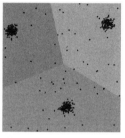

（a）随机选取3个聚类中心　　（b）更新簇（第一次）　　（c）更新聚类中心（第一次）

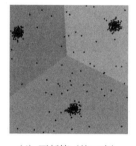 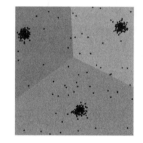

（d）更新簇（第二次）　　　　（e）更新聚类中心（第二次）

图 8-2　K-平均值的迭代过程

sklearn 库的 KMeans 类提供了 K-平均值接口，定义如下：

```
class sklearn.cluster.KMeans ( n_clusters=8, init='k-means++', **kargs)
```

部分参数说明如下：

① n_clusters：int 型，默认值为 8，表示聚类中心数量。

② init：{'k-means++', 'random'}，默认值为'k-means++'，是初始化方法。

n_clusters 需要使用可视化方法分析聚类结果，并选择最优值。

3. 数据转换

步骤 1：定义 2 级标题。

<font color="black">数据转换</font>

运行结果如下：

数据转换

步骤 2：将"得分""罚球命中率""命中率""三分命中率"转换到[0,1]区间。对于数据

矩阵 X，存在如下归一化公式：

$$X_{std} = \frac{X - X_{min}}{X_{max} - X_{min}}$$

$$X_{scaled} = \frac{X_{std}}{max - min} + min$$

max 为样本数据的最大值，min 为样本数据的最小值。X_{scaled} 是 X 经过转换后的数据矩阵，可用如下代码表示：

```
X_scaled = minmax_scale(players[['得分','罚球命中率','命中率','三分命中率']])
X_scaled
```

运行结果如下：

```
array([[1.        , 0.80532213, 0.34615385, 0.397     ],
       [0.92810458, 0.68207283, 0.56490385, 0.271     ],
       [0.87908497, 0.68487395, 0.62980769, 0.411     ],
       ...,
       [0.03267974, 1.        , 0.48557692, 0.421     ],
       [0.02614379, 0.15966387, 0.08173077, 0.333     ],
       [0.        , 0.15966387, 0.49519231, 0.        ]])
```

从运行结果可以看出，指定的 3 个字段值已被转换到[0,1]区间。

4. 参数查找

步骤 1：定义 2 级标题。

```
## <font color="black">参数查找</font>
```

运行结果如下：

参数查找

步骤 2：初始化所有含不同 n_clusters 的 K-平均值模型，用轮廓系数评估 K-平均值模型的性能，找到最优参数。n_clusters 对应 K-平均值的聚类中心数量。

```
S = [] # 存储不同簇的轮廓系数
K = range(2, 11)
for k in range(2,11):
    kmeans = KMeans(n_init="auto", init="k-means++", n_clusters=k, random_state=0)
    kmeans.fit(X_scaled)
    labels = kmeans.labels_
    # 计算轮廓系数
    sil_score = silhouette_score(X_scaled, labels, metric='euclidean')
    S.append(sil_score)
```

> **···▷ 知识专栏   在 K-平均值中设置 init='k-means++'的目的**
>
> 标准的 K-平均值没有考虑初始中心点的影响，而是随机选取 k 个点作为聚类中心。K-Means++算法是为 K-平均值选择初始值（或"种子"）的算法，可避免标准的 K-平均值会发现较弱的聚类的问题。设置 init='k-means++'，将在初始化时启用 K-Means++算法，选择有利于聚类的聚类中心。

　　轮廓（Silhouette）系数可衡量一个样本与它所属聚类相较于其他聚类的相似程度，取值范围是-1～1，值越大表明这个样本更匹配其所属聚类，而不与相邻的聚类匹配。如果大多数样本都有很大的轮廓系数值，那么聚类适当。如果许多样本都有小或者为负的轮廓系数值，说明 K 值过大或过小。sklearn 库使用 silhouette_score ()函数输入数据集和进行分类，并输出所有样本的平均轮廓系数。

步骤 3：可视化 K 值对聚类的性能影响。

```
# 设置绘图风格
plt.style.use('ggplot')
# 绘制簇的个数与轮廓系数的关系
plt.plot(K, S, 'b*-')
plt.xlabel('簇的个数')
plt.ylabel('轮廓系数')
```

运行结果如下：

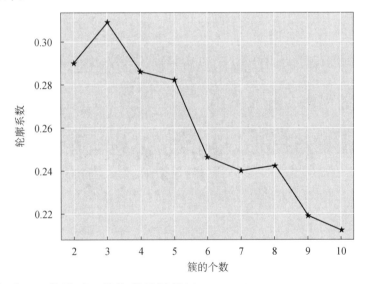

运行结果表明，K 值等于 3 的聚类效果最好。

5. 聚类可视化

步骤 1：定义 2 级标题。

```
## <font color="black">聚类可视化</font>
```

运行结果如下：

聚类可视化

步骤 2：将数据集分成 3 类。

```
kmeans = KMeans(n_init="auto", init="k-means++", n_clusters=3, random_state=0)
kmeans.fit(X_scaled)
```

步骤 3：找到聚类中心。

```
# 将聚类结果标签插入数据集中
players['cluster'] = kmeans.labels_
centers = [] # 存储簇类中心
for i in players.cluster.unique():
    centers.append(players.loc[players.cluster == i,['得分','罚球命中率','命中率','三分命中率']].mean())
# 将列表转换为数组，便于后面的索引取数
centers = np.array(centers)
```

步骤 4：可视化聚类结果。

```
# 绘制散点图
sbn.lmplot(x = '得分', y = '命中率', hue = 'cluster', data = players, markers = ['^','s','o'],
        fit_reg = False, scatter_kws = {'alpha':0.8}, legend = False)

# 添加簇类中心
plt.scatter(centers[:,0], centers[:,2], c='k', marker = '*', s = 180)
plt.xlabel('得分')
plt.ylabel('命中率')
```

运行结果如下：

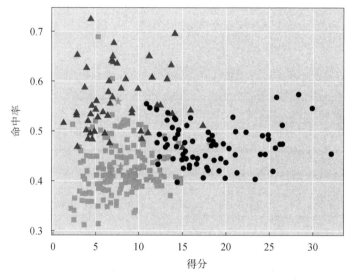

从运行结果可以看出，聚类中心位于簇的中心位置。

6. 簇分析

步骤 1：定义 2 级标题。

```
## <font color="black">簇分析</font>
```

运行结果如下：

簇分析

步骤 2：统计各簇的样本数量。

```
pd.Series(kmeans.labels_).value_counts()
```

运行结果如下：

```
1    154
2    79
0    53
```

步骤 3：虽然第 1 类球员的得分低，但命中率很高，推测此类球员为上场及进攻次数较少的新秀球员。

```
res0Series = pd.Series(kmeans.labels_)
res0 = res0Series[res0Series.values == 0]
players.iloc[res0.index].head()
```

运行结果如下：

	排名	球员名字	球队	得分	命中-出手	命中率	命中-三分	三分命中率	命中-罚球	罚球命中率	场次	上场时间	cluster
43	44	本·西蒙斯	76人	17.2	7.20-14.20	0.511	0.00-0.30	0.0	2.80-5.00	0.548	29	36.6	0
49	49	德怀特·霍华德	黄蜂	15.9	5.90-10.90	0.540	0.00-0.00	0.0	4.10-7.70	0.533	31	30.1	0
57	57	尤素夫·努尔基奇	开拓者	15.0	6.20-13.20	0.468	0.00-0.20	0.0	2.70-4.20	0.641	28	27.7	0
72	73	克林特·卡佩拉	火箭	14.0	6.10-8.80	0.694		0.0	1.90-3.20	0.596	29	25.5	0
74	75	安德烈·德拉蒙德	活塞	13.8	5.30-10.00	0.534	0.00-0.10	0.0	3.10-5.00	0.626	31	32.6	0

步骤 4：第 2 类球员的得分低，命中率不高，推测此类球员为得分能力不强的组织型球员。

```
res0Series = pd.Series(kmeans.labels_)
res0 = res0Series[res0Series.values == 1]
players.iloc[res0.index].head()
```

运行结果如下：

	排名	球员名字	球队	得分	命中-出手	命中率	命中-三分	三分命中率	命中-罚球	罚球命中率	场次	上场时间	cluster
60	61	迪昂·维特斯	热火	14.7	5.50-14.10	0.395	1.80-5.90	0.306	1.80-2.40	0.739	29	31.3	1
61	61	奥斯汀·里弗斯	快船	14.7	5.40-13.30	0.403	2.40-5.90	0.400	1.60-2.60	0.625	28	33.0	1
63	64	杰伦·布朗	凯尔特人	14.5	5.30-11.30	0.474	1.80-4.40	0.404	2.00-3.50	0.586	32	31.3	1
64	65	丹尼斯·史密斯	小牛	14.4	5.70-14.40	0.397	1.50-4.80	0.307	1.50-2.30	0.673	24	27.8	1
68	69	肯塔维奥斯·卡德维尔·波普	湖人	14.2	5.00-12.20	0.407	2.20-6.20	0.355	2.00-2.80	0.739	25	34.8	1

步骤 5：第 3 类球员的得分高、命中率高，推测为球队的核心进攻球员。

```
res0Series = pd.Series(kmeans.labels_)
res0 = res0Series[res0Series.values == 2]
players.iloc[res0.index].head()
```

运行结果如下：

	排名	球员名字	球队	得分	命中-出手	命中率	命中-三分	三分命中率	命中-罚球	罚球命中率	场次	上场时间	cluster
0	1	詹姆斯·哈登	火箭	31.9	9.60-21.10	0.454	4.20-10.70	0.397	8.50-9.90	0.861	30	36.1	2
1	2	扬尼斯·阿德托昆博	雄鹿	29.7	10.90-19.90	0.545	0.50-1.70	0.271	7.50-9.80	0.773	28	38.0	2
2	3	勒布朗·詹姆斯	骑士	28.2	10.80-18.80	0.572	2.10-5.10	0.411	4.50-5.80	0.775	32	37.3	2
3	4	斯蒂芬·库里	勇士	26.3	8.30-17.60	0.473	3.60-9.50	0.381	6.00-6.50	0.933	23	32.6	2
4	4	凯文·杜兰特	勇士	26.3	9.70-19.00	0.510	2.50-6.30	0.396	4.50-5.10	0.879	26	34.8	2

···▶ 知识专栏   K-平均值的优缺点

1. 优点

（1）算法思想简单，收敛速度快。

（2）主要需要调参的只有 K 值。

（3）可解释性比较强。

2. 缺点

（1）采用迭代的方法，聚类结果往往是局部最优解而得不到全局最优解。

（2）对非凸形状的类簇识别效果差。

（3）易受噪声、边缘点、孤立点影响。

（4）可处理的数据类型有限，对于高维数据对象的聚类效果不佳。

8.2 地区消费分类

8.2.1 任务描述

8.2 地区消费分类

数据集"2019 年各地区居民人均消费支出.csv"体现了 2019 年各地区居民人均消费支出，涵盖食品、衣着、居住、生活用品及服务等方面，使用 K-平均值将地区划分到簇，分析每个簇的具体含义，详细的字段描述如表 8-2 所示。

表 8-2 数据集"2019 年各地区居民人均消费支出.csv"详细的字段描述（相关消费支出默认以元为单位）

字段	类型	是否允许为空	是否有标签	例子
地区	str	否	是	北京
消费支出	float	否	否	43038.3
食品	float	否	否	8488.5
衣着	float	否	否	8488.5
居住	float	否	否	8488.5
生活用品及服务	float	否	否	8488.5
交通通信	float	否	否	8488.5
教育、文化、娱乐	float	否	否	8488.5
医疗保健	float	否	否	8488.5
其他	float	否	否	8488.5

任务目标：根据 2019 年各地区居民人均消费支出数据集，使用 K-平均值聚类，分析簇代表的地区的特点。

8.2.2 任务分解

通过数据清洗和数据转换来加工原始数据，训练 K-平均值模型，分析簇代表的地区的特点，可视化聚类结果。本任务可分解成 6 个子任务：依赖库导入；数据观察；数据清洗；数据转换；聚类；可视化分析。

1. 子任务 1：依赖库导入

本任务依赖的第三方库有 Pandas、NumPy、Matplotlib、sklearn 等，可通过 import 命令导入。

2. 子任务 2：数据观察

使用 Pandas 把"2019 年各地区居民人均消费支出.csv"读入 DataFrame 对象。

3. 子任务 3：数据清洗

删除与聚类无关的"地区"字段。

4. 子任务 4：数据转换

将数据转换（归一化）到 (0,1) 区间。

5. 子任务 5：聚类

分别训练降维前后的 K-平均值模型，比较两个模型在当前数据集上的平均轮廓系数，选出较好的模型，并分析簇代表的地区的特点。

6. 子任务 6：可视化分析

用图表展示数据分布及其所属的簇，分析聚类结果。

8.2.3　任务实施

根据任务分解可知，程序有 6 个 2 级标题，分别对应 6 个子任务。

1. 依赖库导入

步骤 1：定义 2 级标题。

```
## <font color="black">依赖库导入</font>
```

运行结果如下：

依赖库导入

步骤 2：依赖库导入。

```
import pandas as pd
import matplotlib as mpl
import matplotlib.pyplot as plt
from sklearn.preprocessing import minmax_scale, StandardScaler
from sklearn.decomposition import PCA
from sklearn.cluster import KMeans,DBSCAN
from sklearn.metrics import silhouette_score
import numpy as np
```

2. 数据观察

在将数据集读入 DataFrame 对象后观察数据。

步骤 1：定义 2 级标题。

```
## <font color="black">数据观察</font>
```

运行结果如下:

数据观察

步骤2:检查前5个样本。

```
rawdata_df = pd.read_csv("../data/2019年各地区居民人均消费支出.csv")
rawdata_df.head()
```

运行结果如下:

	地区	消费支出	食品	衣着	居住	生活用品及服务	交通通信	教育、文化、娱乐	医疗保健	其他
0	北京	43038.3	8488.5	2229.5	15751.4	2387.3	4979.0	4310.9	3739.7	1151.9
1	天津	31853.6	8983.7	1999.5	6946.1	1956.7	4236.4	3584.4	2991.9	1154.9
2	河北	17987.2	4675.7	1304.8	4301.6	1170.4	2415.7	1984.1	1699.0	435.8
3	山西	15862.6	3997.2	1289.9	3331.6	910.7	1979.7	2136.2	1820.7	396.5
4	内蒙古	20743.4	5517.3	1765.4	3943.7	1185.8	3218.4	2407.7	2108.0	597.1

3. 数据清洗

步骤1:定义2级标题。

```
## <font color="black">数据清洗</font>
```

运行结果如下:

数据清洗

步骤2:删除与聚类无关的"地区"字段。

```
X = rawdata_df.drop(["地区"], axis=1)
X.head()
```

运行结果如下:

	消费支出	食品	衣着	居住	生活用品及服务	交通通信	教育、文化、娱乐	医疗保健	其他
0	43038.3	8488.5	2229.5	15751.4	2387.3	4979.0	4310.9	3739.7	1151.9
1	31853.6	8983.7	1999.5	6946.1	1956.7	4236.4	3584.4	2991.9	1154.9
2	17987.2	4675.7	1304.8	4301.6	1170.4	2415.7	1984.1	1699.0	435.8
3	15862.6	3997.2	1289.9	3331.6	910.7	1979.7	2136.2	1820.7	396.5
4	20743.4	5517.3	1765.4	3943.7	1185.8	3218.4	2407.7	2108.0	597.1

4. 数据转换

步骤1:定义2级标题。

```
## <font color="black">数据转换</font>
```

运行结果如下:

数据转换

步骤2:将数据转换到[0,1]区间。

```
X_scaled = minmax_scale(X)
X_scaled[0:5, :]
```

运行结果如下：

```
array([[0.92120555, 0.6457285 , 1.        , 1.        , 1.        ,
        0.88864913, 0.75353813, 1.        , 0.80785533],
       [0.57786278, 0.71692498, 0.85456845, 0.34439497, 0.72084279,
        0.66913982, 0.60233516, 0.76780003, 0.81068098],
       [0.1521984 , 0.0975501 , 0.41530193, 0.1474968 , 0.2110859 ,
        0.13094886, 0.26927239, 0.36634063, 0.13337101],
       [0.08697841, 0.        , 0.40588049, 0.07527474, 0.04272285,
        0.00206917, 0.30092824, 0.40412979, 0.0963549 ],
       [0.23680696, 0.21854962, 0.70654442, 0.12084909, 0.22106969,
        0.36822347, 0.35743423, 0.49333954, 0.28529716]])
```

从运行结果可以看出，现在所有数据（字段值）都位于[0,1]区间。

5. 聚类

步骤 1：定义 2 级标题。

<font color="black">聚类</font>

运行结果如下：

聚类

步骤 2：训练 K-平均值模型，分析聚类结果中的平均轮廓系数，测试 K-平均值模型的性能。

```
kmeans = KMeans(n_init="auto", init="k-means++", n_clusters=3, random_state=0)
kmeans.fit(X_scaled)
labels = kmeans.labels_
silhouette_score(X_scaled, labels, metric='euclidean')
```

运行结果如下：

0.5294930783125547

步骤 3：将数据维度降低到 2。

```
pca = PCA(n_components=2, random_state=51592)
X_decomposed = pca.fit_transform(X_scaled)
```

步骤 4：在数据降维后再次测试 K-平均值模型的性能。

```
kmeans = KMeans(n_init="auto", init="k-means++", n_clusters=3, random_state=0)
kmeans.fit(X_decomposed)
labels = kmeans.labels_
silhouette_score(X_decomposed, labels, metric='euclidean')
```

运行结果如下：

0.5942953161773852

通过比较降维前后的平均轮廓系数可以发现，降维后的 K-平均值模型性能更好，因此下面使用降维后的 K-平均值模型。

步骤 5：给数据集添加聚类标签。

```
rawdata_df["类"] = labels
rawdata_df.sort_values(by="类", axis=0)    # 相同标签的数据放在一起
```

运行结果如下：

	地区	消费支出	食品	衣着	居住	生活用品及服务	交通通信	教育、文化、娱乐	医疗保健	其他	类
15	河南	16331.8	4186.8	1226.5	3723.1	1101.5	1976.0	2016.8	1746.1	354.9	0
28	青海	17544.8	5130.9	1359.8	3304.0	953.2	2587.6	1731.8	1995.6	481.8	0
27	甘肃	15879.1	4574.0	1125.3	3440.4	945.3	1972.7	1843.5	1619.3	358.6	0
26	陕西	17464.9	4671.9	1227.5	3625.3	1151.1	2154.8	2243.4	1977.4	413.3	0
25	西藏	13029.2	4792.5	1446.3	2320.6	847.7	2015.2	690.3	519.2	397.4	0
24	云南	15779.8	4558.4	822.7	3370.6	926.6	2439.0	1950.0	1401.4	311.2	0
23	贵州	14780.0	4110.2	984.0	2941.7	873.8	2405.6	1865.6	1274.8	324.3	0
22	四川	19338.3	6466.8	1213.0	3678.8	1201.3	2576.4	1813.5	1934.9	453.7	0
21	重庆	20773.9	6666.7	1491.9	3851.2	1392.5	2632.8	2312.2	1925.4	501.3	0
20	海南	19554.9	7122.3	697.7	4110.4	932.7	2578.2	2413.4	1294.0	406.2	0
19	广西	16418.3	5031.2	648.0	3493.2	944.1	2384.7	2007.0	1616.0	294.2	0
17	湖南	20478.9	5771.0	1262.2	4306.1	1226.2	2538.5	3017.4	1961.6	395.8	0
16	湖北	21567.0	5946.8	1422.4	4769.1	1418.5	2822.2	2459.6	2230.9	497.5	0
29	宁夏	18296.8	4605.2	1476.6	3245.1	1144.5	3018.1	2352.4	1929.3	525.5	0
30	新疆	17396.6	5042.7	1472.1	3270.9	1159.5	2408.1	1876.1	1725.4	441.7	0
13	江西	17650.5	5215.2	1077.6	4398.8	1128.6	2104.3	2094.2	1264.5	367.3	0
12	福建	25314.3	8095.6	1319.6	6974.9	1269.7	3019.4	2509.0	1506.8	619.3	0
11	安徽	19137.4	6080.8	1300.6	4281.3	1154.3	2286.6	2132.8	1489.9	411.2	0
7	黑龙江	18111.5	4781.1	1437.6	3314.2	844.8	2317.4	2444.9	2457.1	514.4	0
6	吉林	18075.4	4675.4	1406.8	3351.5	948.3	2518.1	2436.6	2174.0	564.7	0
5	辽宁	22202.8	5956.6	1586.1	4417.0	1275.3	2848.5	2929.3	2434.2	756.0	0
4	内蒙古	20743.4	5517.3	1765.4	3943.7	1185.8	3218.4	2407.7	2108.0	597.1	0
3	山西	15862.6	3997.2	1289.9	3331.6	910.7	1979.7	2136.2	1820.7	396.5	0
2	河北	17987.2	4675.7	1304.8	4301.6	1170.4	2415.7	1984.1	1699.0	435.8	0
14	山东	20427.5	5416.8	1443.1	4370.1	1538.9	2991.5	2409.7	1816.5	440.8	0
8	上海	45605.1	10952.6	2071.8	15046.4	2122.8	5355.7	5495.1	3204.8	1355.9	1
0	北京	43038.3	8488.5	2229.5	15751.4	2387.3	4979.0	4310.9	3739.7	1151.9	1
18	广东	28994.7	9369.2	1192.2	7329.1	1560.2	3833.6	3244.4	1770.4	695.5	2
10	浙江	32025.8	8928.9	1877.1	8403.2	1715.9	4552.8	3624.0	2122.6	801.3	2
9	江苏	26697.3	6847.0	1573.4	7247.3	1496.4	3732.2	2946.4	2166.5	688.1	2
1	天津	31853.6	8983.7	1999.5	6946.1	1956.7	4236.4	3584.4	2991.9	1154.9	2

从运行结果看出，按照消费支出可将地区分为 3 类（此分类仅作聚类结果参考）。

（1）特大地区：北京、上海。

（2）经济发达地区：广东、浙江、江苏、天津。

（3）发展中地区：河南、青海、甘肃等。

6. 可视化分析

步骤 1：定义 2 级标题。

```
## <font color="black">可视化分析</font>
```

运行结果如下：

可视化分析

步骤 2：获取各类样本的索引。

```
class0_idx = rawdata_df[rawdata_df["类"]==0].index.values
class1_idx = rawdata_df[rawdata_df["类"]==1].index.values
class2_idx = rawdata_df[rawdata_df["类"]==2].index.values
```

步骤 3：使 Matplotlib 正常显示中文字符和负号。

```
mpl.rcParams['font.sans-serif'] = ['SimHei']
mpl.rcParams['axes.unicode_minus'] = False
```

步骤 4：可视化聚类结果。

```
plt.scatter(X_decomposed[class0_idx, 0], X_decomposed[class0_idx, 1],
            marker='.', color='c', s=50,label="发展中地区")
plt.scatter(X_decomposed[class1_idx, 0], X_decomposed[class1_idx, 1],
            marker='o', color='g', s=50,label='特大地区')
plt.scatter(X_decomposed[class2_idx, 0], X_decomposed[class2_idx, 1],
            marker='v', color='r', s=50,label='经济发达地区')
plt.legend(loc=1)
```

运行结果如下：

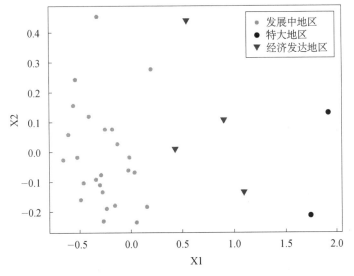

可以从运行结果看出，3 类样本分散在不同区域。

8.3　图像矢量量化

8.3.1　任务描述

8.3　图像矢量量化

图像有 n 个像素点，有 m 种颜色。使用 K-平均值把 n 个像素点聚类成 k 类，找出 k 个中心点。假设像素点和所属的中心点非常相似，则可以使用每个像素点所在的簇的中心点来覆盖原有的颜色值，因此 n 个像素点原有 m 种颜色值，现被压缩为 k 种颜色值。虽然像素点还是 n 个，但是这 n 个像素点的取值只有 k 个。一般说来，$n>>k$，图像承载的信息量变小，图像压缩比提高。

任务目标：给定一张彩色图像，使用 K-平均值聚类像素点，像素点的颜色值用所属簇的中心点的值替换，比较压缩前后的图像大小。

8.3.2　任务分解

通过数据转换加工原始数据，训练聚类模型，用聚类中心值替换像素点的颜色值，可视化分析矢量量化结果。本任务可分解成 6 个子任务：依赖库导入；数据观察；数据转换；模型训练；颜色值替换；可视化分析。

1. 子任务 1：依赖库导入

本任务依赖的第三方库有 Pandas、NumPy、Matplotlib、sklearn 等，可通过 import 命令导入。

2. 子任务 2：数据观察

使用 Matplotlib 将图像读入 NumPy 对象，观察像素值类型、图像大小、颜色值等图像特征。

3. 子任务 3：数据转换

将像素值归一化到(0,1)区间，将数据转换到二维空间。

4. 子任务 4：模型训练

使用 K-平均值在由像素点组成的数据集上训练聚类模型。

5. 子任务 5：颜色值替换

像素点的颜色值用所属簇的中心点的值替换。

6. 子任务 6：可视化分析

展示替换颜色值前后的图像的视觉效果，比较压缩前后的图像大小。

8.3.3　任务实施

根据任务分解可知，程序有 6 个 2 级标题，分别对应 6 个子任务。

1. 依赖库导入

步骤 1：定义 2 级标题。

```
## <font color="black">依赖库导入</font>
```

运行结果如下：

依赖库导入

步骤 2：依赖库导入。

```
import pandas as pd
import matplotlib as mpl
import matplotlib.pyplot as plt
from sklearn.cluster import KMeans
import numpy as np
from sklearn.utils import shuffle
from os.path import getsize
```

2. 数据观察

在将图像读入 NumPy 对象后进行数据观察。

步骤 1：定义 2 级标题。

```
## <font color="black">数据观察</font>
```

运行结果如下：

数据观察

步骤 2：将图像读入 NumPy 对象，查看像素值类型、图像大小、颜色值等图像特征。

```
china = plt.imread('../data/china.jpg')
print('像素值类型: ', china.dtype)
print('图像大小: ', china.shape)
print('颜色最小值: {}, 颜色最大值: {}'.format(china.min(), china.max()))
newimage = china.reshape((-1,3))
print("颜色值: ", pd.DataFrame(newimage).drop_duplicates().shape)
```

运行结果如下：

```
像素值类型:  uint8
图像大小:  (426, 640, 3)
颜色最小值:  0, 颜色最大值: 255
颜色值:  (86031, 3)
```

步骤 3：将图像保存到压缩文件中。

```
np.savez_compressed("china.npz", pic=china)
```

按 "Shift+Enter" 组合键，在当前目录下看到压缩文件 china.npz。

3. 数据转换

步骤 1：定义 2 级标题。

```
## <font color="black">数据转换</font>
```

运行结果如下：

数据转换

步骤 2：将像素值转换到[0,1]区间。

```
china = np.array(china, dtype=np.float64) / china.max()
```

步骤 3：将三维矩阵转换到二维空间中。

```
w, h, d = china.shape
image_array = np.reshape(china, (-1, d))
```

4. 模型训练

步骤 1：定义 2 级标题。

```
## <font color="black">模型训练</font>
```

运行结果如下：

模型训练

步骤 2：使用 K-平均值在像素点上训练聚类模型。

```
kmean_model = KMeans(n_clusters=64, n_init="auto",
                     random_state=0)
kmeans = kmean_model.fit(image_array)
```

5. 颜色值替换

步骤 1：定义 2 级标题。

```
## <font color="black">颜色值替换<font>
```

运行结果如下：

颜色值替换

步骤 2：使用聚类模型预测每个像素点所属的聚类。

```
labels = kmeans.predict(image_array)
```

步骤 3：像素点的颜色值用簇的中心值替换。

```
image_kmeans = np.zeros((w*h, d))
for i in range(w*h):
    image_kmeans[i] = kmeans.cluster_centers_[labels[i]]

"K-Means矢量图颜色值: {}".format(pd.DataFrame(image_kmeans).
                          drop_duplicates().shape)
```

运行结果如下：

'K-Means矢量图颜色值: (64, 3)'

从运行结果可以看出，经过像素值替换的 K-Means 矢量图有 64 种颜色。

6. 可视化分析

步骤 1：定义 2 级标题。

<font color="black">可视化分析</font>

运行结果如下：

可视化分析

步骤 2：将矢量图恢复到三维空间中。

```
image_kmeans = image_kmeans.reshape(w,h,d) * china.max()
```

步骤 3：将矢量图保存到压缩文件中。

```
np.savez_compressed("china_kmeans.npz", pic=image_kmeans)
print("原图压缩文件大小: {}".format(getsize("china.npz")))
print("K-Means矢量图压缩文件大小: {}".format(getsize("china_kmeans.npz")))
```

运行结果如下：

原图压缩文件大小：534368
K-Means 矢量图压缩文件大小：205453

K-Means 矢量图只有 64 种颜色，信息量小，因此 K-Means 矢量图压缩文件的信息量更小。

步骤 4：使 Matplotlib 正常显示中文字符和负号。

```
mpl.rcParams['font.sans-serif'] = ['SimHei']
mpl.rcParams['axes.unicode_minus'] = False
```

步骤 5：显示原图。

```
china = np.load("china.npz")['pic']
plt.title('原图')
plt.axis('off')
plt.imshow(china)
```

运行结果如下：

原图

步骤 6：显示 K-Means 矢量图。

```
china_kmeans = np.load("china_kmeans.npz")['pic']
plt.title('K-Means矢量图')
plt.axis('off')
plt.imshow(china_kmeans)
```

运行结果如下：

可以看出，虽然 K-Means 矢量图只有 64 种颜色，但基本保留了原图的特征，肉眼几乎看不出区别，同时 K-Means 矢量图有更高的压缩比，可节省存储空间。

小　　结

（1）聚类是无监督学习，训练集中的样本不带标签。

（2）K-平均值的 K 值的选择对聚类的性能有较大影响。

（3）降低数据维度可能提升聚类性能。

（4）聚类使用轮廓系数评价聚类性能。

（5）簇的定义往往需要在聚类后具体分析。

（6）图像矢量化减少了信息量，但几乎不影响图像质量。

（7）启用 K-Means++算法可优化初始中心点的选择。

习　　题

一、选择题

1. 轮廓系数的英文名称是（　　　）。

A. Silkworm　　　　　B. Silhouette　　　　　C. Silkindex　　　　　D. ContourLine

2. 在 K-平均值中设置 init='k-means++'目的在于（　　　）。

A. 选择符合数据分布的初始中心点　　　B. 评价聚类性能

C. 加速聚类速度　　　　　　　　　　D. 定义聚类个数

3. 提升聚类性能的方法不包括（　　　）。

A. 选择合适的 K 值　　　　　　　　　B. 降低数据维度

C. K 值尽量大　　　　　　　　　　　D. 通过 K-Means++ 算法选择初始中心点

4. 矢量化（　　　）。

A. 降低了图像维度　　　　　　　　　B. 提高了图像维度

C. 改变了图像大小　　　　　　　　　D. 减少了图像信息量

5. minmax_scale () 函数可（　　　）。

A. 计算样本的最小值和最大值　　　　B. 将数据转换到指定区间

C. 使数据服从高斯分布　　　　　　　D. 使数据服从正态分布

二、填空题

1. 标准的 K-平均值先随机选取（　　　）个对象作为初始的聚类中心，然后计算每个对象与聚类中心之间的距离，把每个对象分配给距离它（　　　）的聚类中心。

2. 使用 silhouette_score () 函数计算聚类结果的紧密度和分离度，取值范围为（　　　），-1 表示聚类结果（　　　），1 表示（　　　），-1～1 表示不确定。

3. 矢量化不改变特征的数量，也不改变样本的数量，只改变在这些特征下的样本的（　　　）。

三、操作题

在本模块的 8.2 地区消费分类中，没有搜索合适的 K 值，而是直接依赖经验设定 K=3。请补充代码，可视化不同 K 值的轮廓系数，检查 K=3 是否是最优值。

模块 9　基于集成学习的分类预测

集成学习的目标是把多个弱监督模型的预测结果结合，构建集成学习模型，以得到更好、更全面的强监督模型。常见的集成学习模型有投票法、Bagging 和 AdaBoost 等。投票法是一种遵循少数服从多数原则的集成学习模型，通过集成多个模型来降低方差，从而提高鲁棒性；Bagging 又称"袋装法"，它构建了多个弱分类器，并综合了多个弱分类器的结果进行输出，它是所有集成学习模型中最著名、最简单、最有效的其中一种；AdaBoost 先针对同一个训练集训练不同的弱分类器，然后把这些弱分类器集合起来，构成一个强分类器。本模块分别使用 3 种集成学习模型完成 3 个机器学习任务，以掌握使用集成学习模型解决单分类器性能提升问题的技能。在任务实施过程中，介绍了 3 种集成学习模型的设计思想和工作原理。

技 能 要 求

（1）掌握将 CSV 文件读入 DataFrame 对象的方法。

（2）掌握查看 DataFrame 的随机样本的方法。

（3）掌握查看 DataFrame 列的数据类型的方法。

（4）掌握查看 DataFrame 异常值的方法。

（5）掌握使数据服从正态分布的方法。

（6）掌握将数据转换到[-1,1]区间的方法。

（7）掌握切分数据集的方法。

（8）掌握统计特征空值的方法。

（9）能够使用投票法训练集成学习模型。

（10）能够使用 Bagging 训练集成学习模型。

（11）能够使用 AdaBoost 训练集成学习模型。

（12）掌握评估集成学习模型性能的方法。

学 习 导 览

本模块的学习导览图如图 9-1 所示。

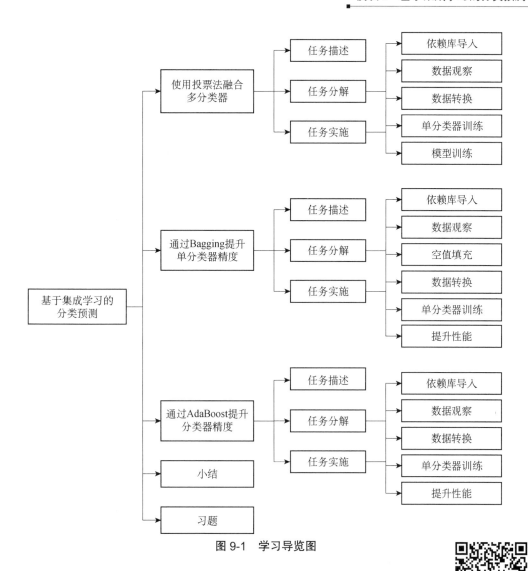

图 9-1　学习导览图

9.1　使用投票法融合多分类器

9.1.1　任务描述

9.1　使用投票法
融合多分类器

　　乳腺癌是女性群体中最常见的癌症之一，当乳房中的细胞生长失控，这些细胞通常会形成肿瘤，肿瘤可以通过 X 射线检测。检测的关键是区分肿瘤是恶性的（癌性）还是良性的（非癌性）。本任务要求使用投票法融合多个单分类器（简称多分类器）来提升分类精度。本任务使用的数据集的详细的字段描述见表 7-1。

　　任务目标：先使用 K-最近邻模型、逻辑回归模型、决策树模型、高斯贝叶斯模型、支持向量机单分类器构建模型，预测肿瘤是恶性的还是良性的，然后使用投票法综合单分类器提升模型的分类精度。

9.1.2　任务分解

先经过数据观察和数据转换，使用单分类器构建模型并评估其精度，然后采用投票法融合多个单分类器提升分类精度。本任务可分解成 5 个子任务：依赖库导入；数据观察；数据转换；单分类器训练；模型训练。

1. 子任务 1：依赖库导入

本任务依赖的第三方库有 Pandas、NumPy、sklearn 等，可通过 import 命令导入。

2. 子任务 2：数据观察

使用 Pandas 把 breast-cancer-kaggle.csv 读入 DataFrame 对象，抽查数据，并检查数据类型。

3. 子任务 3：数据转换

将文本映射成数值，将 DataFrame 对象的类型转换成 NumPy 类型，将数据集切分为训练集和测试集，在使特征服从正态分布后转换到[-1,1]区间。

4. 子任务 4：单分类器训练

通过 K-最近邻模型、逻辑回归模型、决策树模型、高斯贝叶斯模型、支持向量机单分类器构建模型，并让模型在训练集上训练，在测试集上评估准确率。

5. 子任务 5：模型训练

使用投票法融合 5 个单分类器来预测标签，选择 2 个最优模型进行融合并获取标签，评估投票法在测试集上的精度。

9.1.3　任务实施

根据任务分解可知，程序有 5 个 2 级标题，分别对应 5 个子任务。

1. 依赖库导入

本任务用到了 VotingClassifier 类，它位于 sklearn.ensemble 模块中，只需要将此模块导入程序中，就可以调用此类。

步骤 1：定义 2 级标题。

```
## <font color="black">依赖库导入</font>
```

运行结果如下：

依赖库导入

步骤 2：依赖库导入。

```
import pandas as pd
import numpy as np
from sklearn.svm import SVC
from sklearn import neighbors
from sklearn.linear_model import LogisticRegression
from sklearn.tree import DecisionTreeClassifier
from sklearn.naive_bayes import GaussianNB
from sklearn.ensemble import VotingClassifier
from sklearn.model_selection import train_test_split
from sklearn.preprocessing import StandardScaler, Normalizer, LabelEncoder
```

2. 数据观察

在将数据集读入 DataFrame 对象后，观察数据及其类型。

步骤 1：定义 2 级标题。

<font color="black">数据观察</font>

运行结果如下：

数据观察

步骤 2：把数据集读入 DataFrame 对象。

```
df_data = pd.read_csv("../data/breast-cancer-kaggle.csv", index_col="id")
df_data.shape
```

运行结果如下：

(569, 31)

步骤 3：检查前 5 个样本。

```
df_data.head(5)
```

运行结果（部分）如下：

id	diagnosis	radius_mean	texture_mean	perimeter_mean	area_mean	smoothness_mean	compactness_mean	concavity_mean	concave points_mean
842302	M	17.99	10.38	122.80	1001.0	0.11840	0.27760	0.3001	0.14710
842517	M	20.57	17.77	132.90	1326.0	0.08474	0.07864	0.0869	0.07017
84300903	M	19.69	21.25	130.00	1203.0	0.10960	0.15990	0.1974	0.12790
84348301	M	11.42	20.38	77.58	386.1	0.14250	0.28390	0.2414	0.10520
84358402	M	20.29	14.34	135.10	1297.0	0.10030	0.13280	0.1980	0.10430

步骤 4：查看数据信息。

```
df_data.info()
```

运行结果如下：

```
Index: 569 entries, 842302 to 92751
Data columns (total 31 columns):
 #   Column                   Non-Null Count   Dtype
---  ------                   --------------   -----
 0   diagnosis                569 non-null     object
 1   radius_mean              569 non-null     float64
 2   texture_mean             569 non-null     float64
 3   perimeter_mean           569 non-null     float64
 4   area_mean                569 non-null     float64
 5   smoothness_mean          569 non-null     float64
 6   compactness_mean         569 non-null     float64
 7   concavity_mean           569 non-null     float64
 8   concave points_mean      569 non-null     float64
 9   symmetry_mean            569 non-null     float64
 10  fractal_dimension_mean   569 non-null     float64
 11  radius_se                569 non-null     float64
 12  texture_se               569 non-null     float64
 13  perimeter_se             569 non-null     float64
```

```
14   area_se                    569 non-null    float64
15   smoothness_se              569 non-null    float64
16   compactness_se             569 non-null    float64
17   concavity_se               569 non-null    float64
18   concave points_se          569 non-null    float64
19   symmetry_se                569 non-null    float64
20   fractal_dimension_se       569 non-null    float64
21   radius_worst               569 non-null    float64
22   texture_worst              569 non-null    float64
23   perimeter_worst            569 non-null    float64
24   area_worst                 569 non-null    float64
25   smoothness_worst           569 non-null    float64
26   compactness_worst          569 non-null    float64
27   concavity_worst            569 non-null    float64
28   concave points_worst       569 non-null    float64
29   symmetry_worst             569 non-null    float64
30   fractal_dimension_worst    569 non-null    float64
dtypes: float64(30), object(1)
```

从运行结果看出，该数据集共有 569 个样本、31 个特征。除 diagnosis 之外，其他 30 个特征都是 float 类型的，并被分为 mean（平均值）、se（标准差）、worst（最差）3 组。diagnosis 需要转换为 int 类型。

3. 数据转换

步骤 1：定义 2 级标题。

```
## <font color="black">数据转换</font>
```

运行结果如下：

数据转换

步骤 2：将"diagnosis"从文本转换为索引型数值。

```
le = LabelEncoder()
df_data["diagnosis"] = le.fit_transform(df_data["diagnosis"])
df_data.info()
```

运行结果如下：

```
Index: 569 entries, 842302 to 92751
Data columns (total 31 columns):
 #   Column                  Non-Null Count  Dtype
---  ------                  --------------  -----
 0   diagnosis               569 non-null    int32
 1   radius_mean             569 non-null    float64
 2   texture_mean            569 non-null    float64
 3   perimeter_mean          569 non-null    float64
 4   area_mean               569 non-null    float64
 5   smoothness_mean         569 non-null    float64
 6   compactness_mean        569 non-null    float64
 7   concavity_mean          569 non-null    float64
 8   concave points_mean     569 non-null    float64
 9   symmetry_mean           569 non-null    float64
 10  fractal_dimension_mean  569 non-null    float64
 11  radius_se               569 non-null    float64
 12  texture_se              569 non-null    float64
```

```
13  perimeter_se              569 non-null     float64
14  area_se                   569 non-null     float64
15  smoothness_se             569 non-null     float64
16  compactness_se            569 non-null     float64
17  concavity_se              569 non-null     float64
18  concave points_se         569 non-null     float64
19  symmetry_se               569 non-null     float64
20  fractal_dimension_se      569 non-null     float64
21  radius_worst              569 non-null     float64
22  texture_worst             569 non-null     float64
23  perimeter_worst           569 non-null     float64
24  area_worst                569 non-null     float64
25  smoothness_worst          569 non-null     float64
26  compactness_worst         569 non-null     float64
27  concavity_worst           569 non-null     float64
28  concave points_worst      569 non-null     float64
29  symmetry_worst            569 non-null     float64
30  fractal_dimension_worst   569 non-null     float64
dtypes: float64(30), int32(1)
```

步骤 3：将 DataFrame 对象转换为 NumPy 对象。

```
X = df_data.iloc[:, 1:].values
y = df_data.iloc[:, 0].values
X.shape, y.shape
```

运行结果如下：

$$((569, 30), (569,))$$

步骤 4：将数据集分为训练集和测试集 2 部分，其中测试集占数据集的 30%。

```
X_train, X_test, y_train, y_test = train_test_split(X, y,
                                      test_size=0.3, random_state=0)
X_train.shape, X_test.shape, y_train.shape, y_test.shape
```

运行结果如下：

$$((398, 30), (171, 30), (398,), (171,))$$

步骤 5：使特征服从正态分布，转换公式如下：

$$x = \frac{x - x_{\mathrm{mean}}}{x_{\mathrm{std}}}$$

其中 x 是特征值，x_{mean} 是特征平均值，x_{std} 是特征标准差。

```
scaler = StandardScaler()
X_train_scaled = scaler.fit_transform(X_train)
X_test_scaled = scaler.transform(X_test)
X_train_scaled[:2, :]
```

运行结果如下：

```
array([[-0.74998027, -1.09978744, -0.74158608, -0.70188697,  0.58459276,
        -0.42772603, -0.45754987, -0.7605498 , -0.09986038,  0.45144364,
        -0.70061171, -0.06976187, -0.6167312 , -0.54340833, -0.70915256,
        -0.23548916,  0.36208998, -0.62177677, -0.24139043, -0.04596325,
        -0.7984831 , -0.591967  , -0.74660155, -0.71452908,  0.11632807,
        -0.34125524, -0.04627198, -0.6235968 ,  0.07754241,  0.45062841],
       [-1.02821446, -0.1392617 , -1.02980434, -0.89473179,  0.74288151,
        -0.73184316, -0.84330079, -0.80880455, -1.15975947,  0.48938568,
        -0.88760388,  0.65038093, -0.86919066, -0.62900544,  0.66188352,
        -0.93600214, -0.46060034, -0.42348318, -0.30503075, -0.15870653,
        -1.06870276, -0.16198127, -1.07434344, -0.86894147,  0.38200132,
        -0.97073687, -0.95489389, -0.7612376 , -1.07145262, -0.29541379]])
```

步骤 6：将特征转换到[−1,1]区间，转换公式如下：

$$x = \frac{x}{|X|}$$

其中 x 是特征值，$|X|$ 是样本向量大小。

```
normalizer = Normalizer()
X_train_norm = normalizer.fit_transform(X_train_scaled)
X_test_norm = normalizer.transform(X_test_scaled)
X_train_norm[0:2, :]
```

运行结果如下：

```
array([[-0.24416599, -0.35805033, -0.24143315, -0.22850858,  0.1903219 ,
        -0.13925186, -0.14896141, -0.24760704, -0.03251087,  0.14697344,
        -0.2280934 , -0.0227119 , -0.20078499, -0.17691376, -0.23087399,
        -0.07666661,  0.11788318, -0.20242764, -0.07858784, -0.01496394,
        -0.25995672, -0.19272268, -0.243066  , -0.23262438,  0.03787214,
        -0.11110015, -0.01506445, -0.20302018,  0.02524496,  0.14670803],
       [-0.24199409, -0.03277576, -0.24236827, -0.21057844,  0.17483992,
        -0.172242  , -0.19847397, -0.19035515, -0.27295369,  0.11517874,
        -0.20890086,  0.15306956, -0.20456724, -0.14803876,  0.15577674,
        -0.22029157, -0.108404  , -0.09966834, -0.07179012, -0.03735217,
        -0.25152316, -0.03812289, -0.25285071, -0.2045086 ,  0.08990543,
        -0.22846652, -0.22473782, -0.17916009, -0.25217035, -0.06952673]])
```

4. 单分类器训练

使用不同的单分类器在训练集上训练模型，并比较它们在测试集上的准确率。

步骤 1：定义 2 级标题。

```
## <font color="black">单分类器训练</font>
```

运行结果如下：

单分类器训练

步骤 2：定义 3 级标题。

```
### <font color="black">K-最近邻模型</font>
```

运行结果如下：

K-最近邻模型

步骤 3：在训练集上训练 K-最近邻模型。

```
knn_clf = neighbors.KNeighborsClassifier(n_neighbors=5)
knn_clf.fit(X_train_norm, y_train)
```

步骤 4：评估 K-最近邻模型在测试集上的准确率。

```
test_score = knn_clf.score(X_test_norm, y_test)
"K-最邻近模型的准确率：{:.2f}".format(test_score * 100)
```

运行结果如下：

'K-最邻近模型的准确率：94.74'

步骤 5：定义 3 级标题。

<font color="black">逻辑回归模型</font>

运行结果如下：

逻辑回归模型

步骤 6：在训练集上训练逻辑回归模型。

```
log_clf = LogisticRegression(random_state=0)
log_clf.fit(X_train_norm, y_train)
```

步骤 7：评估逻辑回归模型在测试集上的准确率。

```
test_score = log_clf.score(X_test_norm, y_test)
"逻辑回归模型的准确率：{:.2f}".format(test_score * 100)
```

运行结果如下：

'逻辑回归模型的准确率：97.08'

步骤 8：定义 3 级标题。

<font color="black">决策树模型</font>

运行结果如下：

决策树模型

步骤 9：在训练集上训练决策树模型。

```
dt_clf = DecisionTreeClassifier(max_depth=5, random_state=0)
dt_clf.fit(X_train_norm, y_train)
```

步骤 10：评估决策树模型在测试集上的准确率。

```
test_score = dt_clf.score(X_test_norm, y_test)
"决策树模型的准确率：{:.2f}".format(test_score * 100)
```

运行结果如下：

'决策树模型的准确率：90.64'

步骤 11：定义 3 级标题。

\<font color="black"\>高斯贝叶斯模型\</font\>

运行结果如下：

高斯贝叶斯模型

步骤 12：在训练集上训练高斯贝叶斯模型。

```
nb_clf = GaussianNB()
nb_clf.fit(X_train_norm, y_train)
```

步骤 13：评估高斯贝叶斯模型在测试集上的准确率。

```
test_score = nb_clf.score(X_test_norm, y_test)
"高斯贝叶斯模型的准确率：{:.2f}".format(test_score * 100)
```

运行结果如下：

'高斯贝叶斯模型的准确率：92.40'

步骤 14：定义 3 级标题。

\<font color="black"\>支持向量机\</font\>

运行结果如下：

支持向量机

步骤 15：在训练集上训练支持向量机。

```
svm_clf = SVC(kernel='rbf', random_state=0)
svm_clf.fit(X_train_norm, y_train)
```

步骤 16：评估支持向量机在测试集上的准确率。

```
test_score = svm_clf.score(X_test_norm, y_test)
"支持向量机的准确率：{:.2f}".format(test_score * 100)
```

运行结果如下：

'支持向量机的准确率：97.66'

5. 模型训练

通过融合多个单分类器来预测结果，采用投票法决定最终标签。

步骤 1：定义 2 级标题。

\<font color="black"\>模型训练\</font\>

运行结果如下：

模型训练

步骤 2：定义 3 级标题。

<font color="black">集成5种模型</font>

运行结果如下：

集成5种模型

步骤 3：在训练集上训练集成模型（K-最近邻模型+逻辑回归模型+决策树模型+高斯贝叶斯模型+支持向量机）。

```
voting_clf = VotingClassifier(estimators=[
    ('knn_clf',neighbors.KNeighborsClassifier(n_neighbors=5)),
    ('log_clf',LogisticRegression(random_state=0)),
    ('dt_clf',DecisionTreeClassifier(max_depth=5, random_state=0)),
    ('nb_clf',GaussianNB()),
    ('svm_clf',SVM(kernel='rbf', random_state=0))],
    voting='hard')
voting_clf.fit(X_train_norm, y_train)
```

运行结果如下：

步骤 4：在测试集上评估集成模型的准确率。

```
test_score = voting_clf.score(X_test_norm, y_test)
"集成5种模型后的准确率：{:.2f}".format(test_score * 100)
```

运行结果如下：

'集成5种模型后的准确率：97.08'

步骤 5：定义 3 级标题。

<font color="black">集成最优模型</font>

运行结果如下：

集成最优模型

步骤 6：集成 2 种性能接近的模型（逻辑回归模型+支持向量机），并在训练集上进行训练。

```
voting_clf = VotingClassifier(estimators=[
    ('log_clf',LogisticRegression(random_state=0)),
    ('svm_clf',SVM(kernel='rbf', random_state=0))],
                        voting='hard')
voting_clf.fit(X_train_norm, y_train)
```

运行结果如下：

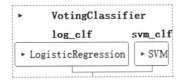

步骤 7：在测试集上评估集成模型的准确率。

```
test_score = voting_clf.score(X_test_norm, y_test)
"集成2种性能接近的模型后的准确率：{:.2f}".format(test_score * 100)
```

运行结果如下：

'集成2种性能接近的模型后的准确率：98.25'

····▷ **知识专栏**   **集成学习投票法**

投票法是一种遵循少数服从多数原则的集成学习模型，通过集成多个学习器（上文集成了多个分类器）降低方差，从而提高鲁棒性。在理想情况下，投票法的预测效果应当优于任何一个基学习器的预测效果。投票法的原理如图 9-2 所示。

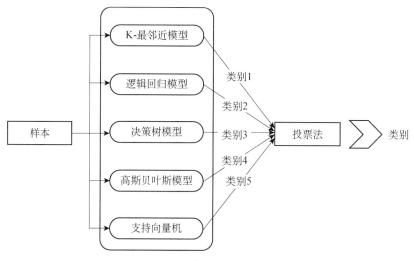

图 9-2   投票法的原理

sklearn 库的 VotingClassifier 类提供了投票法接口，定义如下：

```
class sklearn.ensemble.VotingClassifier (estimators, **kargs)
```

主要参数说明：

estimators：列表，一组基学习器。

投票法在回归模型与分类模型中均可使用。分类模型中的投票法可以被划分为硬投票与软投票。

（1）硬投票：预测结果是在所有投票结果中出现次数最多的类。

（2）软投票：预测结果是在所有投票结果中概率和最大的类。

比如，如果对于某个样本，模型 1 的预测结果是类别 A，模型 2 的预测结果是类别 B，模型 3 的预测结果是类别 B，那么使用硬投票有 2/3 概率的预测结果是类别 B，因此硬投票的预测结果是类别 B。如果模型 1 的预测结果是类别 A 的概率为 99%，模型 2 的预测结果是类别 A 的概率为 49%，模型 3 的预测结果是类别 A 的概率为 49%，最终预测结果是类别 A 的概率是（99%+49%+49%）/3≈65.67%，因此软投票的预测结果是类别 A。

从这个例子可以看出，软投票与硬投票可能得出完全不同的预测结果。相对于硬投票，软投票考虑到了预测概率这个额外的信息，因此可以得出比硬投票更加准确的预测结果。

9.2　通过 Bagging 提升单分类器精度

9.2　通过 Bagging
提升单分类器精度

9.2.1　任务描述

本任务所用数据集是来自美国威斯康星大学的癌症诊断数据集 breast-cancer-uci.data，该数据集详细的字段描述见表 6-1。本任务要求通过 Bagging 提升单分类器精度。

任务目标：先使用贝叶斯模型（本节选用高斯贝叶斯模型）拟合训练数据，预测肿瘤是良性的，还是恶性的，然后使用 Bagging 提升单分类器精度。

9.2.2　任务分解

先观察数据，然后填充缺失值，按照 4:1 的比例将数据集切分为训练集和验证集，之后使用高斯贝叶斯模型预测肿瘤性质，进而通过 Bagging 提升单分类器精度。本任务分解成 6 个子任务：依赖库导入；数据观察；空值填充；数据转换；单分类器训练；提升性能。

1. 子任务 1：依赖库导入

本任务依赖的第三方库有 Pandas、NumPy、sklearn 等，可通过 import 命令导入。

2. 子任务 2：数据观察

使用 Pandas 把 breast-cancer-uci.data 读入 DataFrame 对象。

3. 子任务 3：空值填充

用平均值填充空值。

4. 子任务 4：数据转换

将 DataFrame 对象转换为 NumPy 对象，将数据集切分为训练集和测试集。

5. 子任务 5：单分类器训练

在训练集上训练高斯贝叶斯模型，并在验证集上评估该模型的精度。

6. 子任务 6：提升性能

使用 Bagging 在训练集上训练多个高斯贝叶斯模型，在预测肿瘤性质时融合多个模型的预测结果，产生最终的标签。

9.2.3　任务实施

根据任务分解可知，程序有 6 个 2 级标题，分别对应 6 个子任务。

1. 依赖库导入

步骤 1：定义 2 级标题。

```
## <font color="black">依赖库导入</font>
```

运行结果如下：

依赖库导入

步骤 2：依赖库导入。

```
import pandas as pd
import numpy as np
from sklearn.model_selection import train_test_split
from sklearn.naive_bayes import GaussianNB
from sklearn.ensemble import BaggingClassifier
```

2. 数据观察

步骤 1：定义 2 级标题。

```
## <font color="black">数据观察</font>
```

运行结果如下：

数据观察

步骤 2：将数据集读入 DataFrame 对象。

```
df = pd.read_csv("../data/breast-cancer-uci.data", header=0)
df.shape
```

运行结果如下：

(699, 11)

步骤 3：检查"编号"字段值的唯一性。

```
df["编号"].nunique()
```

运行结果如下：

645

从运行结果看出，"编号"字段值并不唯一，不能作为索引。

步骤 4：随机观察 5 个样本。

```
df.sample(5)
```

运行结果如下：

	编号	团块厚度	细胞大小均匀性	细胞形状均匀性	边缘附着力	单层上皮细胞大小	裸核	乏味染色质	正常核仁	线粒体	类别
75	1131294	1	1	2	1	2	2	4	2	1	2
259	242970	5	7	7	1	5	8	3	4	1	2
643	1294413	1	1	1	1	2	1	2	1	1	2
622	1140597	7	1	2	3	2	1	2	1	1	2
390	1131411	1	1	1	2	2	1	2	1	1	2

步骤 5：查看字段类型。

```
df.info()
```

运行结果如下：

```
RangeIndex: 699 entries, 0 to 698
Data columns (total 11 columns):
 #   Column       Non-Null Count  Dtype
---  ------       --------------  -----
 0   编号            699 non-null    int64
 1   团块厚度          699 non-null    int64
 2   细胞大小均匀性       699 non-null    int64
 3   细胞形状均匀性       699 non-null    int64
 4   边缘附着力         699 non-null    int64
 5   单层上皮细胞大小      699 non-null    int64
 6   裸核            699 non-null    object
 7   乏味染色质         699 non-null    int64
 8   正常核仁          699 non-null    int64
 9   线粒体           699 non-null    int64
 10  类别            699 non-null    int64
dtypes: int64(10), object(1)
```

"裸核"的类型不是 int64，需要进一步观察。

步骤 6：查看"裸核"的数据分布。

```
df["裸核"].value_counts()
```

运行结果如下：

```
裸核
1     402
10    132
2      30
5      30
3      28
8      21
4      19
?      16
9       9
7       8
6       4
Name: count, dtype: int64
```

运行结果中的"？"代表未知值，需要用平均值替换。

3. 空值填充

步骤 1：定义 2 级标题。

```
## <font color="black">空值填充</font>
```

运行结果如下：

空值填充

步骤 2：用 NumPy 的默认值 nan 替换"？"。

```
df.loc[df["裸核"]=="?", "裸核"] = np.nan
```

步骤 3：查看替换结果。

```
df.isnull().sum()
```

运行结果如下：

```
编号              0
团块厚度           0
细胞大小均匀性        0
细胞形状均匀性        0
边缘附着力          0
单层上皮细胞大小       0
裸核             16
乏味染色质          0
正常核仁           0
线粒体            0
类别             0
dtype: int64
```

除"裸核"有 16 个空值之外，其他字段都不包含空值。

步骤 4：计算"裸核"的平均值。

```
bare_nuclei_mean = df["裸核"].median()
bare_nuclei_mean
```

运行结果如下：

```
1.0
```

步骤 5：用平均值替换空值。

```
df.loc[df["裸核"].isnull(), "裸核"] = bare_nuclei_mean
```

步骤 6：查看替换结果。

```
df.isnull().sum()
```

运行结果如下：

```
编号              0
团块厚度           0
细胞大小均匀性        0
细胞形状均匀性        0
边缘附着力          0
单层上皮细胞大小       0
裸核             0
乏味染色质          0
正常核仁           0
线粒体            0
类别             0
dtype: int64
```

步骤 7：查看"裸核"的数据分布。

```
df["裸核"].value_counts()
```

运行结果如下：

```
裸核
1      402
10     132
2       30
5       30
3       28
8       21
4       19
1.0     16
9        9
7        8
6        4
Name: count, dtype: int64
```

"裸核"中的 1 和 1.0 被看作不同的值，需要转换为相同数据类型以消除差别。

步骤 8：将"裸核"的数据类型转换为 int64。

```
df["裸核"] = df["裸核"].astype("int64")
```

步骤 9：再次查看"裸核"的数据分布。

```
df["裸核"].value_counts()
```

运行结果如下：

```
裸核
1      418
10     132
2       30
5       30
3       28
8       21
4       19
9        9
7        8
6        4
Name: count, dtype: int64
```

"裸核"字段值只有 1。

步骤 10：查看所有字段的类型。

```
df.info()
```

运行结果如下：

```
RangeIndex: 699 entries, 0 to 698
Data columns (total 11 columns):
 #   Column      Non-Null Count  Dtype
---  ------      --------------  -----
 0   编号          699 non-null    int64
 1   团块厚度        699 non-null    int64
 2   细胞大小均匀性     699 non-null    int64
 3   细胞形状均匀性     699 non-null    int64
 4   边缘附着力       699 non-null    int64
 5   单层上皮细胞大小    699 non-null    int64
 6   裸核          699 non-null    int64
 7   乏味染色质       699 non-null    int64
 8   正常核仁        699 non-null    int64
 9   线粒体         699 non-null    int64
 10  类别          699 non-null    int64
dtypes: int64(11)
```

数据集中的所有字段的数据类型都是 int64，能用来训练和测试模型。

4. 数据转换

步骤 1：定义 2 级标题。

```
## <font color="black">数据转换</font>
```

运行结果如下：

数据转换

步骤 2：将 DataFrame 对象转换为 NumPy 对象。

```
X = df.iloc[:, 1:-1].values
y = df.iloc[:, -1].values
```

步骤 3：将数据集切分为训练集和测试集，其中测试集占 20%。

```
X_train, X_test, y_train, y_test = train_test_split(X, y,
                                                    test_size=0.2,
                                                    random_state=4)
X_train.shape, X_test.shape, y_train.shape, y_test.shape
```

运行结果如下：

```
((559, 9), (140, 9), (559,), (140,))
```

5. 单分类器训练

步骤 1：定义 2 级标题。

```
## <font color="black">单分类器训练</font>
```

运行结果如下：

单分类器训练

步骤 2：在训练集上训练高斯贝叶斯模型。

```
nb_model = GaussianNB()
nb_model.fit(X_train, y_train)
```

步骤 3：在测试集上评估高斯贝叶斯模型的精度。

```
nb_model.score(X_test, y_test) * 100
```

运行结果如下：

```
96.42857142857143
```

6. 提升性能

步骤 1：定义 2 级标题。

```
## <font color="black">提升性能</font>
```

运行结果如下：

提升性能

步骤 2：在训练集上将基分类器训练为高斯贝叶斯模型的 Bagging 集成分类器。

```
bg_model = BaggingClassifier(GaussianNB(), n_estimators=20,
                             random_state=0)
bg_model.fit(X_train, y_train)
```

运行结果如下：

步骤 3：在测试集上评估 Bagging 集成分类器。

```
bg_model.score(X_test, y_test) * 100
```

运行结果如下：

```
97.14285714285714
```

> **知识专栏**　　　　　　　　　　**Bagging**
>
> 　　Bagging 是一种并行式的集成学习模型，即基学习器的训练没有前后顺序，可以同时进行。Bagging 采用"有放回"随机采样的方式选取训练集，对于包含 n 个样本的训练集进行 m 次有放回的随机采样，从而得到含 m 个样本的数据集。采用相同的方式重复进行，就可以采集到 n 个包含 m 个样本的数据集，从而训练出 n 个基学习器，最终对这 n 个基学习器的输出结果进行投票，决定预测结果。Bagging 的算法思想如图 9-3 所示。
>
>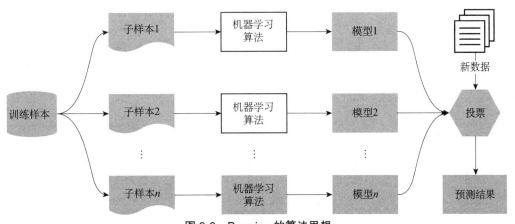
>
> 图 9-3　Bagging 的算法思想
>
> sklearn 库的 BaggingClassifier 类提供了 Bagging 接口，定义如下：
>
> ```
> class sklearn.ensemble.BaggingClassifier(estimator=None,n_estimators=10,**kargs)
> ```
>
> 部分参数说明：
> ① estimator：对象，表示基学习器。

② n_estimators：int 类型，默认值为 10，表示基学习器的数量。

Bagging 主要通过样本的扰动来增加基学习器的多样性，因此 Bagging 的基学习器应为对训练集十分敏感的不稳定学习算法，比如，神经网络与决策树等。从偏差-方差分解来看，Bagging 主要关注如何降低方差，即如何通过多次重复训练提高稳定性。

9.3 通过 AdaBoost 提升单分类器精度

9.3.1 任务描述

9.3 通过 AdaBoost 提升单分类器精度

本任务使用的降雨数据集是来自澳大利亚多个气象站的近 10 年的每日天气观测及预报数据，要求使用历史降雨数据构建模型，预测是否下雨。该数据集分为训练集（rainfall_train.csv）和测试集（rainfall_test.csv），各有 3500 个样本，该数据集详细的字段描述如表 9-1 所示。

表 9-1　降雨数据集详细的字段描述

字段	类型	是否非空	是否有标签	例子
编号	int	是	是	0
月份（Month）	int	是	否	8.0
气象站（Climate）	int	是	否	1.0
最低温度（MinTemp）	float	是	否	17.5
最高温度（MaxTemp）	float	是	否	36.0
降雨量（Rainfall）	float	是	否	0.0
蒸发量（Evaporation）	float	是	否	8.8
光照时间（Sunshine）	float	是	否	7.508659217877095
最强风方向（WindGustDir）	int	是	否	2.0
最强风速度（WindGustSpeed）	float	是	否	26.0
上午 9 点风向（WindDir9am）	int	是	否	6.0
下午 3 点风向（WindDir3pm）	int	是	否	0.0
上午 9 点风速（WindSpeed9am）	int	是	否	17.0
下午 3 点风速（WindSpeed3pm）	int	是	否	15.0
上午 9 点湿度（Humidity9am）	int	是	否	57.0
下午 3 点湿度（Humidity3pm）	float	是	否	51.65199530516432
上午 9 点大气压（Pressure9am）	float	是	否	1016.8
下午 3 点大气压（Pressure3pm）	float	是	否	1012.2
上午 9 点云指数（Cloud9am）	int	是	否	0.0
下午 3 点云指数（Cloud3pm）	int	是	否	7.0
上午 9 点温度（Temp9am）	float	是	否	27.5
下午 3 点温度（Temp3pm）	float	是	否	21.71900320606237
今天下雨（Rain Today）	int	是	否	1：下雨；0：不下雨
明天下雨（Rain Tomorrow）	int	是	否	1：下雨；0：不下雨

任务目标：先使用逻辑回归模型拟合训练集中的数据，预测明天是否下雨，然后通过 AdaBoost 提升单分类器精度。

9.3.2　任务分解

使数据服从正态分布，使用逻辑回归模型进行预测，进而通过 AdaBoost 提升单分类器精度。本任务可分解成 5 个子任务：依赖库导入；数据观察；数据转换；单分类器训练；提升性能。

1. 子任务 1：依赖库导入

本任务依赖的第三方库有 Pandas、NumPy、sklearn 等，可通过 import 命令导入。

2. 子任务 2：数据观察

先使用 Pandas 把 rainfall_train.csv、rainfall_test.csv 读入 DataFrame 对象，然后查看字段类型。

3. 子任务 3：数据转换

将 DataFrame 对象转换为 NumPy 对象，使数据服从正态分布。

4. 子任务 4：单分类器训练

在训练集上训练逻辑回归模型，并在验证集上评估该模型的精度。

5. 子任务 5：提升性能

通过 AdaBoost 训练多个弱分类器，在预测是否下雨时加权组合多个分类器，形成强分类器，预测结果由强分类器产生。

9.3.3　任务实施

根据任务分解可知，程序有 5 个 2 级标题，分别对应 5 个子任务。

1. 依赖库导入

步骤 1：定义 2 级标题。

```
## <font color="black">依赖库导入</font>
```

运行结果如下：

依赖库导入

步骤 2：依赖库导入。

```
import pandas as pd
import numpy as np
from sklearn.linear_model import LogisticRegression
from sklearn.ensemble import AdaBoostClassifier
from sklearn.preprocessing import StandardScaler
```

2. 数据观察

步骤 1：定义 2 级标题。

```
## <font color="black">数据观察</font>
```

运行结果如下：

数据观察

步骤 2：读取数据集。

```
'''
header=0: 跳过列头
encoding='GBK': 支持中文
index_col=0: 第1列作为索引
'''
df_train = pd.read_csv('../data/rainfall_train.csv', header=0, encoding='GBK', index_col=0)
df_test = pd.read_csv('../data/rainfall_test.csv', header=0,encoding='GBK', index_col=0)
df_train.shape, df_test.shape
```

运行结果如下：

```
((3500, 23), (3500, 23))
```

步骤 3：字段较多，通过设置 Pandas 显示所有列数据。

```
pd.set_option('display.max_columns', None)
```

步骤 4：观察前 5 个样本。

```
df_train.head(5)
```

运行结果（部分）如下：

df_train.head(5)

	Month	Climate	MinTemp	MaxTemp	Rainfall	Evaporation	Sunshine	WindGustDir	WindGustSpeed	WindDir9am	WindDir3pm	WindSpeed9am
0	8.0	1.0	17.5	36.0	0.0	8.800000	7.508659	2.0	26.000000	6.0	0.0	17.0
1	12.0	0.0	9.5	25.0	0.0	5.619163	7.508659	6.0	33.000000	4.0	6.0	7.0
2	4.0	4.0	13.0	22.6	0.0	3.800000	10.400000	13.0	39.858413	4.0	0.0	17.0
3	11.0	4.0	13.9	29.8	0.0	5.800000	5.100000	8.0	37.000000	3.0	8.0	11.0
4	4.0	2.0	6.0	23.5	0.0	2.800000	8.600000	5.0	24.000000	0.0	6.0	15.0

步骤 5：查看所有字段的类型。

```
df_train.info()
```

运行结果如下：

```
Index: 3500 entries, 0 to 3499
Data columns (total 23 columns):
 #   Column         Non-Null Count   Dtype
---  ------         --------------   -----
 0   Month          3500 non-null    float64
 1   Climate        3500 non-null    float64
 2   MinTemp        3500 non-null    float64
 3   MaxTemp        3500 non-null    float64
 4   Rainfall       3500 non-null    float64
 5   Evaporation    3500 non-null    float64
```

```
      6   Sunshine       3500 non-null   float64
      7   WindGustDir    3500 non-null   float64
      8   WindGustSpeed  3500 non-null   float64
      9   WindDir9am     3500 non-null   float64
     10   WindDir3pm     3500 non-null   float64
     11   WindSpeed9am   3500 non-null   float64
     12   WindSpeed3pm   3500 non-null   float64
     13   Humidity9am    3500 non-null   float64
     14   Humidity3pm    3500 non-null   float64
     15   Pressure9am    3500 non-null   float64
     16   Pressure3pm    3500 non-null   float64
     17   Cloud9am       3500 non-null   float64
     18   Cloud3pm       3500 non-null   float64
     19   Temp9am        3500 non-null   float64
     20   Temp3pm        3500 non-null   float64
     21   RainToday      3500 non-null   float64
     22   RainTomorrow   3500 non-null   int64
dtypes: float64(22), int64(1)
```

3. 数据转换

步骤 1：定义 2 级标题。

```
## <font color="black">数据转换</font>
```

运行结果如下：

数据转换

步骤 2：将 DataFrame 对象转换为 NumPy 对象。

```
X_train = df_train.iloc[:, 0:-1].values
X_test = df_test.iloc[:, 0:-1].values
y_train = df_train.iloc[:, -1]
y_test = df_test.iloc[:, -1]
```

步骤 3：训练标准化参数，使训练集的数据服从正态分布。

```
scaler = StandardScaler()
X_train_scaled = scaler.fit_transform(X_train)
X_train_scaled[0:2, :]
```

运行结果如下：

```
array([[ 0.46064823, -1.00638829,  0.8263747 ,  1.77404386, -0.31437944,
         0.96436719,  0.        , -1.28416255, -1.08589291, -0.23727561,
        -1.69003228,  0.34239406, -0.41644288, -0.64628291,  0.        ,
        -0.12258933, -0.4535068 , -2.12748418,  0.60612903,  1.61226995,
         0.        , -0.55534783],
       [ 1.63171691, -1.44130112, -0.42704835,  0.24403104, -0.31437944,
         0.        ,  0.        , -0.4348487 , -0.53739933, -0.67830833,
        -0.39167201, -0.81675597, -0.18205097, -0.53918575, -1.01130995,
         0.41425434,  0.34052198,  0.60793237,  0.60612903, -0.36660767,
         0.27023752, -0.55534783]])
```

步骤 4：使测试集的数据服从正态分布。

```
X_test_scaled = scaler.transform(X_test)
X_test_scaled[0:2, :]
```

运行结果如下：

```
array([[-1.58872196, -1.44130112,  1.53142517,  0.63348885,  2.87106681,
         0.        ,  0.        ,  0.62679363,  1.34315012,  0.20375712,
         0.69029487, -1.39633098,  2.16186811,  1.17436883,  1.68199142,
        -1.6436464 , -1.06775547,  0.60793237,  0.60612903,  1.41284817,
         0.19840393,  1.80067327],
       [-1.00318762,  0.2983502 , -0.03535365, -0.64615823, -0.03628493,
        -0.79407862,  0.10707289,  0.83912209,  0.95136898,  1.08582257,
         0.04111474,  1.61745909,  1.10710452,  1.01372309,  0.50673264,
         0.3844297 ,  0.70008218,  0.99870616,  0.60612903, -0.3359274 ,
        -0.60613232,  1.80067327]])
```

4. 单分类器训练

步骤1：定义2级标题。

```
## <font color="black">单分类器训练</font>
```

运行结果如下：

单分类器训练

步骤2：在训练集上训练逻辑回归模型。

```
lr_clf = LogisticRegression()
lr_clf.fit(X_train_scaled, y_train)
```

步骤3：在测试集上评估逻辑回归模型。

```
lr_clf.score(X_test_scaled, y_test)
```

运行结果如下：

0.7337142857142858

5. 提升性能

步骤1：定义2级标题。

```
## <font color="black">提升性能</font>
```

运行结果如下：

提升性能

步骤2：在训练集上训练基于逻辑回归模型的AdaBoost。

```
ada_clf = AdaBoostClassifier(estimator=LogisticRegression(),
                             n_estimators=10, random_state=0)
ada_clf.fit(X_train_scaled, y_train)
```

运行结果如下：

步骤 3：在测试集上评估 AdaBoost。

$$ada\_clf.score(X\_test\_scaled, y\_test)$$

运行结果如下：

0.738

·> 知识专栏　　　　　　　　　　　　AdaBoost

AdaBoost 是一个具有适应性的模型，能适应弱分类器的训练误差率，这也是其名称的由来（Ada 为 Adaptive 的简写）。使用 AdaBoost 的具体流程如下：先给每个样本赋予相同的初始权重，在每一轮分类器训练结束后都根据其表现对每个样本的权重进行调整，增加错分样本的权重，这样会让先前错分的样本在后续得到更多关注，这样重复训练出 m 个分类器后，进行加权组合。AdaBoost 的算法思想如图 9-4 所示。

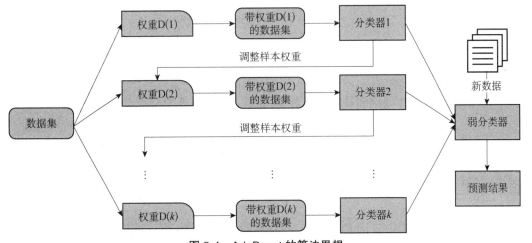

图 9-4　AdaBoost 的算法思想

sklearn 库的 AdaBoostClassifier 类提供了 AdaBoost 接口，定义如下：

```
class sklearn.ensemble.AdaBoostClassifier(estimator=None,n_estimators=50,**kargs)
```

主要参数说明：

① estimators：对象，表示基学习器。

② n_estimators：int 类型，默认值为 50，表示基学习器的数量。

AdaBoost 使用弱分类器，各个弱分类器之间存在强依赖关系，AdaBoost 是一种序列化模型。而 Bagging 使用强分类器，各个强分类器之间不存在强依赖关系，容易并行。AdaBoost 关注如何降低偏差（预测值与真实值之间的误差），而 Bagging 主要关注如何降低方差（预测值彼此之间的离散程度）。

小　结

（1）投票法一般选用性能接近的分类器集成。

（2）AdaBoost 使用弱分类器，而 Bagging 使用强分类器。

（3）Bagging 容易并行，而 AdaBoost 很难并行。

习　题

一、选择题

1. 袋装法的英文名称是（　　）。

A. Voting　　　　　　　B. Bagging　　　　　　C. Boosting　　　　　D. Bayes

2. 可以使用 Series 的 nunique () 方法打印（　　）。

A. 最大值　　　　　　　B. 最小值　　　　　　C. 唯一值的数量　　D. 中位数

3. 可以使用 DataFrame 类的 sample() 方法打印（　　）。

A. 任意 5 个样本　　　　　　　　　　B. 前 5 个样本

C. 最后 5 个样本　　　　　　　　　　D. 中间 5 个样本

4. numpy.nan 表示（　　）。

A. 默认值　　　　　　　B. 0　　　　　　　C. 最大整数　　　　D. 最大浮点数

5. 下面说法中正确的是（　　）。

A. 投票法集成的模型越多，性能越好

B. 投票法的性能总能超过单分类器

C. 投票法集成性能相近的基分类器能提升性能

D. 投票法的性能不依赖基分类器

二、填空题

1. 分类投票法可以被分为（　　）与（　　）。

2. Bagging 采用（　　）采样的方式选取训练集，在抽取样本后放回，再次抽取。

3. Boosting 关注如何降低（　　），而 AdaBoost 关注如何降低（　　）。

三、思考题

使用降雨数据集比较投票法、Bagging、AdaBoost 的性能，回答下面 2 个问题：

（1）3 种集成学习模型是否都有效？

（2）哪种集成学习模型在该数据集上的性能最好？

模块 10　基于深度学习的分类预测

深度学习是用于模拟人脑进行学习的神经网络，也是通过模仿人脑的机制来解释数据的一种机器学习技术。神经网络的目标是在给定一个任务的前提下，找到最优参数，使得误差降到最低。经过多年的发展，深度学习出现了多种模型，常见的有多层感知机、卷积神经网络、循环神经网络等。本模块基于 3 个分类预测任务，分析了 3 种深度学习模型的设计思想和工作原理。

技 能 要 求

（1）掌握将 CSV 文件读入 DataFrame 对象的方法。

（2）掌握查看 DataFrame 对象样本的方法。

（3）掌握查看 DataFrame 对象统计特征的方法。

（4）掌握改变 NumPy 维度的方法。

（5）掌握切分数据集的方法。

（6）掌握构造 DataLoader 对象的方法。

（7）掌握构造多层感知机的方法。

（8）掌握构造卷积神经网络的方法。

（9）掌握构造循环神经网络的方法。

（10）掌握训练深度学习模型的方法。

（11）掌握使用深度学习模型预测样本标签的方法。

学 习 导 览

本模块的学习导览图如图 10-1 所示。

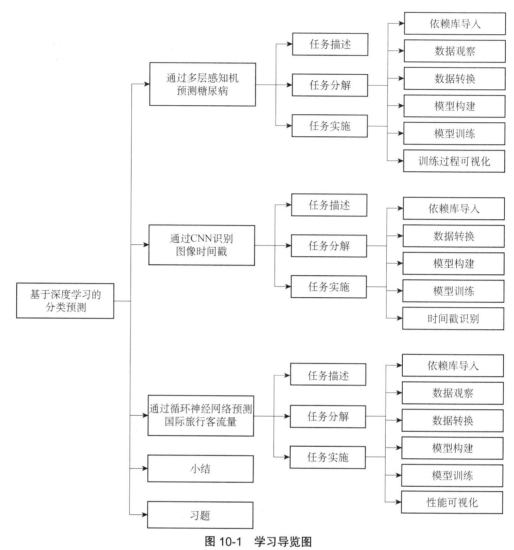

图 10-1　学习导览图

10.1　通过多层感知机预测糖尿病

10.1.1　任务描述

10.1　通过多层感知机预测糖尿病

糖尿病发病情况数据集 pima-indians-diabetes.csv 统计了患者（女性）的医疗记录数据。该数据集包括多个预测变量和一个目标变量（结果）。该数据集详细的字段描述如表 10-1 所示。

表 10-1　数据集 pima-indians-diabetes.csv 详细的字段描述

字段	类型	是否允许为空	是否有标签	例子
怀孕次数	int	否	否	6
2 小时口服葡萄糖耐量试验中血浆葡萄糖浓度	int	否	否	148

（续表）

字段	类型	是否允许为空	是否有标签	例子
舒张压	int	否	否	72
三头肌皮褶皱厚度	int	否	否	35
2 小时血清胰岛素	int	否	否	0
身体质量指数	float	否	否	33.6
糖尿病谱系功能	float	否	否	0.627
年龄	int	否	否	50
是否患糖尿病	int	否	否	0：否，1：是

任务目标：这是一个二元分类问题（患糖尿病为 1，不患糖尿病为 0），描述每个患者的预测变量是数值类型的，具有不同的尺度。请构建多层感知机，并通过迭代训练模型来拟合数据集，可视化训练过程。

10.1.2　任务分解

先经过数据转换，再构建多层感知机，最后通过迭代训练模型以拟合数据集，可视化训练过程并测试性能变化。本任务可分解成 6 个子任务：依赖库导入；数据观察；数据转换；模型构建；模型训练；训练过程可视化。

1. 子任务 1：依赖库导入

本任务依赖的第三方库有 Matplotlib、Pandas、NumPy、PyTorch 等，可通过 import 命令导入。

2. 子任务 2：数据观察

使用 Pandas 把 pima-indians-diabetes.csv 读入 DataFrame 对象，抽样查看样本，并分析数据分布情况。

3. 子任务 3：数据转换

将 DataFrame 对象转换为 NumPy 类型对象，将数据集切分为训练集和测试集，并封装成 PyTorch 库的 DataLoader 对象。

4. 子任务 4：模型构建

继承 nn.module 定义的多层感知机类，包含 2 个隐藏层和 1 个输出层，基于该类构建模型。

5. 子任务 5：模型训练

模型的初始参数都是随机设置的，因此预测值与真实值的差值比较大。为了训练参数，在训练过程中会采用反向传播的方式，先把预测值和真实值之间的差值（使用损失函数评估）从后逐层向前传递，更新各层的梯度，然后更新参数，进而根据差值评估函数（或代价函数），判断是否终止训练。需要在训练集上迭代训练多次，以找到模型的最优参数或次优参数。

6. 子任务 6：训练过程可视化

随着重复在训练集上训练模型，模型在训练集上的准确率上升，但在测试集上的准确率没有上升。为观察在训练过程中的模型泛化性能，可采用 Matplotlib 可视化模型在数据集上的准确率。

10.1.3　任务实施

根据任务分解可知，程序有 6 个 2 级标题，分别对应 6 个子任务。本任务使用 PyTorch 深度学习框架进行模型构建和训练，它支持在强大的 GPU 上进行矩阵运算，也支持反向传播过程中的自动求导。

1. 依赖库导入

步骤 1：定义 2 级标题。

```
## <font color="black">依赖库导入</font>
```

运行结果如下：

依赖库导入

步骤 2：依赖库导入。

```
import numpy as np
import pandas as pd
from matplotlib import pyplot as plt
import matplotlib as mpl
from torch import nn
from sklearn.model_selection import train_test_split
from torch.utils.data import TensorDataset, DataLoader
import torch
```

2. 数据观察

在将数据集读入 DataFrame 对象后，需要观察数据及其分布。

步骤 1：定义 2 级标题。

```
## <font color="black">数据观察</font>
```

运行结果如下：

数据观察

步骤 2：将数据集读入 DataFrame 对象。

```
df = pd.read_csv("../data/pima-indians-diabetes.csv", header=0)
df.shape
```

运行结果如下：

```
(768, 9)
```

步骤 3：查看前 5 个样本。

```
df.head()
```

运行结果如下：

	怀孕次数	2小时口服葡萄糖耐量试验中血浆葡萄糖浓度	舒张压	三头肌皮褶皱厚度	2小时血清胰岛素	身体质量指数	糖尿病谱系功能	年龄	是否患糖尿病
0	6	148	72	35	0	33.6	0.627	50	1
1	1	85	66	29	0	26.6	0.351	31	0
2	8	183	64	0	0	23.3	0.672	32	1
3	1	89	66	23	94	28.1	0.167	21	0
4	0	137	40	35	168	43.1	2.288	33	1

步骤 4：查看各字段的特征。

```
df.describe()
```

运行结果如下：

	怀孕次数	2小时口服葡萄糖耐量试验中血浆葡萄糖浓度	舒张压	三头肌皮褶皱厚度	2小时血清胰岛素	身体质量指数	糖尿病谱系功能	年龄	是否患糖尿病
count	768.000000	768.000000	768.000000	768.000000	768.000000	768.000000	768.000000	768.000000	768.000000
mean	3.845052	120.894531	69.105469	20.536458	79.799479	31.992578	0.471876	33.240885	0.348958
std	3.369578	31.972618	19.355807	15.952218	115.244002	7.884160	0.331329	11.760232	0.476951
min	0.000000	0.000000	0.000000	0.000000	0.000000	0.000000	0.078000	21.000000	0.000000
25%	1.000000	99.000000	62.000000	0.000000	0.000000	27.300000	0.243750	24.000000	0.000000
50%	3.000000	117.000000	72.000000	23.000000	30.500000	32.000000	0.372500	29.000000	0.000000
75%	6.000000	140.250000	80.000000	32.000000	127.250000	36.600000	0.626250	41.000000	1.000000
max	17.000000	199.000000	122.000000	99.000000	846.000000	67.100000	2.420000	81.000000	1.000000

3. 数据转换

步骤 1：定义 2 级标题。

```
## <font color="black">数据转换</font>
```

运行结果如下：

数据转换

步骤 2：将 DataFrame 对象转换为 NumPy 对象。

```
X = df.iloc[:, :-1].values
y = df.iloc[:, -1].values.reshape(-1,1)
X.shape, y.shape
```

运行结果如下：

$$((768, 8), (768, 1))$$

使用 Series 对象的 values ()方法返回一维的 NumPy 对象。在使用 PyTorch 训练时，要求输入内容和标签都至少是二维的，因此要使用 reshape ()方法转换为二维的 NumPy 对象以作为标签。

步骤 3：将数据集切分为两部分，即训练集和测试集，测试集占 20%。

```
X_train, X_test, y_train, y_test = train_test_split(X, y, test_size=0.2, random_state=0)
X_train.shape, X_test.shape, y_train.shape, y_test.shape
```

运行结果如下：

$$((614, 8), (154, 8), (614, 1), (154, 1))$$

步骤 4：把训练集封装为 DataLoader。

```
train_data = TensorDataset(torch.Tensor(X_train), torch.Tensor(y_train))
train_dataloader = DataLoader(train_data, batch_size=10, shuffle=True)
```

在处理较大数据集时，要一次性将整个数据集加载到内存中非常困难。DataLoader 将数据集分批加载到内存中，一次读入少量数据。DataLoader 在初始化时一般要设置 batch_size 来控制每个批次的数据量，通过 shuffle 设置是否随机抽取样本。

步骤 5：把测试集封装为 DataLoader。

```
test_data = TensorDataset(torch.Tensor(X_test), torch.Tensor(y_test))
test_dataloader = DataLoader(test_data, batch_size=10, shuffle=True)
```

4. 模型构建

步骤 1：定义 2 级标题。

```
## <font color="black">模型构建</font>
```

运行结果如下：

模型构建

步骤 2：定义一个简单的多层感知机类，激活函数使用 ReLU()，在输出层使用 Sigmoid() 函数计算患糖尿病的概率。

```
class NeuralNetwork(nn.Module):
    def __init__(self):
        super().__init__()
        self.flatten = nn.Flatten()
        self.linear_relu_stack = nn.Sequential(
            nn.Linear(8, 16),  # 全连接层
            nn.ReLU(),         # 激活层
            nn.Linear(16, 8),  # 全连接层
            nn.ReLU(),         # 激活层
            nn.Linear(8, 1),   # 输出层
            nn.Sigmoid()
        )

    def forward(self, x):
        x = self.flatten(x)
        logits = self.linear_relu_stack(x)
        return logits
```

> ·····> 知识专栏　　　　　　　　激活函数
>
> 　　隐藏层和输出层的神经元通过激活函数（Activation Function），将输入端的加权和转换成神经元输出值。在没有激活函数作用时，无论怎么调整参数，输出值都是线性的，因此激活函数一般都是非线性的。常用的激活函数有如下几种：
>
> 　　1. Sigmoid()函数
>
> $$\text{Sigmoid}(x) = \frac{1}{1 + e^x}$$
>
> 　　其导数为

$$f'(x) = f(x)(1 - f(x))$$

取值范围是[0,0.25]。在反向传播过程中，连续偏导相乘容易带来梯度消失问题（注意：这里统一使用 $f'(x)$ 表示激活函数的导数）。

2. Tanh()函数

$$\text{Tanh}(x) = \frac{e^x - e^{-x}}{e^x + e^{-x}}$$

其导数为

$$f'(x) = 1 - f^2(x)$$

取值范围是 0 到 1 的连续区间，在一定程度上缓解了梯度消失的影响。

3. ReLU()函数

$$\text{ReLU}(x) = \max(0, x)$$

其导数为

$$f'(x) = \begin{cases} 0, & x \leqslant 0 \\ 1, & x > 0 \end{cases}$$

该函数的值在大于 0 时能很好地解决梯度消失问题，但当输入值为负数时，输出值和导数（梯度）均为 0，这意味着神经元"熄灭"，相应参数永远不会被更新。

4. LeakyReLU()函数

$$\text{LeakyReLU}(x) = \max(\alpha x, x)$$

其中，α 是指定参数（超参），通常取较小值，如 0.01。

其导数为

$$f'(x) = \begin{cases} \alpha, & x < 0 \\ 1, & x \geqslant 0 \end{cases}$$

LeakyReLU ()函数在负数区间也能产生梯度调整值，在一定程度上避免了神经元"熄灭"的问题。

步骤 3：构建多层感知机。

```
model = NeuralNetwork()
model
```

运行结果如下：

```
NeuralNetwork(
  (flatten): Flatten(start_dim=1, end_dim=-1)
  (linear_relu_stack): Sequential(
    (0): Linear(in_features=8, out_features=16, bias=True)
    (1): ReLU()
    (2): Linear(in_features=16, out_features=8, bias=True)
    (3): ReLU()
    (4): Linear(in_features=8, out_features=1, bias=True)
    (5): Sigmoid()
  )
)
```

> **∙∙∙> 知识专栏   多层感知机**
>
> 多层感知机（Multi-Layer Perceptron，MLP）是一种基于前馈神经网络的结构，由输入层、隐藏层和输出层组成，其中隐藏层可以有多层。每一层的神经元与相邻层的神经元相连，通过不断调整神经元之间的权重，可实现对复杂问题的学习和预测。它是一种前向反馈网络，具有强大的处理能力和表达能力，广泛应用于分类、回归、识别等任务中。单隐藏层的多层感知机如图 10-2 所示。
>
>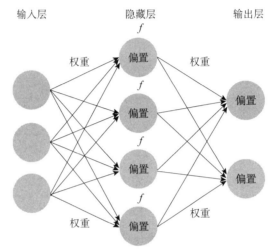
>
> **图 10-2   单隐藏层的多层感知机**
>
> 多层感知机的基本结构包含以下几个部分：
>
> （1）输入层：接收输入数据的层，通常是一组特征向量。
>
> （2）隐藏层：可以有多层，每层都包含若干神经元，通过激活函数将输入数据进行非线性转换。
>
> （3）输出层：输出结果的层，可以为一个或多个神经元，通常要设定一个阈值来决定输出结果属于哪一类。
>
> （4）权重和偏置：为每个神经元的连接设置权重，同时在激活函数中加入一个偏置项，调整神经元的输出值。

5. 模型训练

步骤 1：定义 2 级标题。

`## <font color="black">模型训练</font>`

运行结果如下：

模型训练

步骤 2：定义并封装函数，在训练集上进行训练。

```
def train(dataloader, model, loss_fn, optimizer):
    size = len(dataloader.dataset)
    model.train()  # 设置模型处于训练状态
    for batch, (X, y) in enumerate(dataloader):
        pred = model(X)  # 正向传播
        loss = loss_fn(pred, y)  # 计算损失值
        loss.backward()  # 反向传播
        optimizer.step()  # 根据当前参数值和梯度更新参数
        optimizer.zero_grad()  # 将参数偏导设置为0

        if batch % 10 == 0:
            loss, current = loss.item(), (batch + 1) * len(X)
            print(f"loss: {loss:>7f}  [{current:>5d}/{size:>5d}]")
```

步骤 3：函数测试过程。

```
def test(dataloader, model, loss_fn):
    size = len(dataloader.dataset)
    num_batches = len(dataloader)
    model.eval()
    test_loss, correct = 0, 0
    with torch.no_grad():  # 测试过程不涉及梯度计算
        for X, y in dataloader:
            pred = model(X)
            test_loss += loss_fn(pred, y).item()
            correct += ((pred >=0.5) == y).type(torch.float).sum().item()
    acc = correct / size
    return acc, test_loss/num_batches
```

> ┄┄>　**知识专栏**　　　　　　**model.train()和 model.eval()函数**

　　model.train()函数可设置模型的训练状态，model.eval()函数可设置模型的测试状态，它们主要对 BN 层和 Dropout 层有影响。

　　1. BN（Batch Normalization）层

　　在执行 model.train()函数后，BN 层对输入的每个 Batch 独立计算其平均值和方差，BN 层的参数不断发生变化。在训练过程中，每个 Batch 的 μ 和 σ 都先保存下来，然后在加权平均后当作整个训练集的 μ 和 σ，用于测试。

　　在执行 model.eval()函数后，BN 层使用统计的 μ 和 σ 进行测试，不再发生变化。

　　2. Dropout 层

　　在执行 model.train()函数后，忽略一些神经元。

　　在执行 model.eval()函数后，使用所有神经元。

步骤 4：使用 BCELoss ()损失函数评价预测值和真实值之间的差距。

$$loss\_fn = nn.BCELoss()$$

> ┄┄>　**知识专栏**　　　　　　　　　　**损失函数**

　　损失函数可用来度量模型的预测值与真实值的差距，差距越小，模型的鲁棒性越好。在把每个批次的训练数据输入模型后，先通过前向传播输出预测值，然后通过损失函数计算预测值和真实值之间的差距，也就是损失值。得到损失值之后，模型通过反向传播更新各个参数，以降低预测值与真实值之间的差距，使得模型生成的预测值向真实值靠拢，达到学习的目的。常用的损失函数有如下几种：

1. 均方误差（Mean Squared Error，MSE）损失函数

$$L(Y \mid f(x)) = \frac{1}{n} \sum_{i=1}^{n} (Y_i - f(x_i))^2$$

在回归问题中，均方误差损失函数常用于度量样本点到回归曲线的距离，通过最小化 MSE 使样本点更好地拟合回归曲线。尽管 MSE 在图像和语音处理方面的表现较差，但在回归问题中，MSE 常被作为模型的经验损失或算法的性能指标。

2. 交叉熵（Cross Entropy）损失函数

$$L(Y \mid f(x)) = -\sum_{i=1}^{n} Y_i \log f(x_i)$$

交叉熵损失函数刻画了实际输出概率与期望输出概率之间的相似度，交叉熵损失值越小，两个概率分布就越接近。目前，交叉熵损失函数是卷积神经网络中最常使用的分类损失函数，它可以有效避免梯度消散的影响。它在二分类情况下也叫对数损失函数。

3. Softmax() 损失函数

$$L(Y \mid f(x)) = -\frac{1}{n} \sum_{i=1}^{n} \log \frac{e^{f_{Y_i}}}{\sum_{j=1}^{C} e^{f_{Y_j}}}$$

Softmax() 损失函数本质上是逻辑回归模型在多分类任务中的一种延伸，常被用作 CNN 的损失函数。Softmax() 损失函数具有类间可分性，在多分类和图像标注问题中，常用它解决特征分离问题。

步骤 5：使用 Adam 优化器更新模型权重。

```
optimizer = torch.optim.Adam(model.parameters(), lr=1e-3)
```

····> **知识专栏**　　　　　　　　　　　**优化器**

优化器是深度学习中用于优化神经网络模型的一种算法，其主要作用是根据损失函数来调整参数，使得神经网络模型能够更好地拟合训练数据，提高神经网络模型的性能和泛化能力。优化器在训练过程中通过不断更新参数，逐步得到最优解。常用的优化器有如下几种：

1. 随机梯度下降（Stochastic Gradient Descent，SGD）

SGD 是最基础的优化器之一，每次迭代都从训练数据中随机选择一个样本来计算梯度，并更新参数。它的计算速度较快，易于实现和理解，但可能陷入局部最优，梯度更新不稳定。

2. AdaGrad

AdaGrad 根据参数的历史梯度信息来调整学习率，适用于稀疏数据，但梯度更新不稳定。

3. RMSprop

RMSprop 是 AdaGrad 的改进，通过引入一个衰减系数来防止学习率过快下降。

4. Adam

Adam 结合了动量和 RMSprop，常用于深度学习，具有较好的性能和鲁棒性。它能自适应调整学习率，让不同参数使用不同学习率，收敛速度较快，但需要额外的超参数调优，可能会增加计算开销。

步骤 6：通过迭代更新模型权重，以达到使模型拟合训练数据的效果。

```python
epochs = 20
train_accs = []
test_accs = []
for t in range(epochs):
    print(f"Epoch {t+1}\n-------------------------------")
    train(train_dataloader, model, loss_fn, optimizer)
    acc, one_loss = test(train_dataloader, model, loss_fn)
    print(f"训练集结果: \n 准确率: {(100*acc):>0.1f}%, 损失: {one_loss:>8f}")
    train_accs.append(acc)
    acc, one_loss = test(test_dataloader, model, loss_fn)
    print(f"测试集结果: \n 准确率: {(100*acc):>0.1f}%, 损失: {one_loss:>8f}")
    test_accs.append(acc)
```

运行结果如下：

```
Epoch 1
-------------------------------
loss: 1.226888 [   10/  614]
loss: 0.588829 [  110/  614]
loss: 1.036458 [  210/  614]
loss: 0.562551 [  310/  614]
loss: 0.700703 [  410/  614]
loss: 0.679817 [  510/  614]
loss: 0.588156 [  610/  614]
训练集结果:
 准确率: 63.8%, 损失: 0.678091
测试集结果:
 准确率: 63.6%, 损失: 0.694461
Epoch 2
-------------------------------
loss: 0.773648 [   10/  614]
loss: 0.806388 [  110/  614]
loss: 0.491955 [  210/  614]
loss: 0.600938 [  310/  614]
loss: 0.624178 [  410/  614]
loss: 0.868195 [  510/  614]
loss: 0.778815 [  610/  614]
训练集结果:
 准确率: 65.5%, 损失: 0.619540
测试集结果:
 准确率: 68.8%, 损失: 0.628963
        ......
Epoch 20
-------------------------------
loss: 0.542704 [   10/  614]
loss: 0.709145 [  110/  614]
loss: 0.588456 [  210/  614]
loss: 0.702342 [  310/  614]
loss: 0.387541 [  410/  614]
loss: 0.663951 [  510/  614]
loss: 0.804420 [  610/  614]
训练集结果:
 准确率: 71.2%, 损失: 0.565216
测试集结果:
 准确率: 72.1%, 损失: 0.594630
```

6. 训练过程可视化

步骤 1：定义 2 级标题。

```
## <font color="black">训练过程可视化</font>
```

运行结果如下:

训练过程可视化

步骤 2: 使 Matplotlib 正常显示中文字体和减号。

```
mpl.rcParams['font.sans-serif'] = ['SimHei']
mpl.rcParams['axes.unicode_minus'] = False
```

步骤 3: 可视化训练过程("代"表示第几代、第几次)。

```
plt.plot(range(1, epochs + 1), train_accs, color="blue", label="训练准确率")
plt.plot(range(1, epochs + 1), test_accs, color="green", label="测试准确率")
plt.xlabel("代")
plt.ylabel("准确率")
plt.xticks(range(1, epochs + 1))
plt.legend(loc=0)
plt.title("训练过程")
plt.show()
```

运行结果如下:

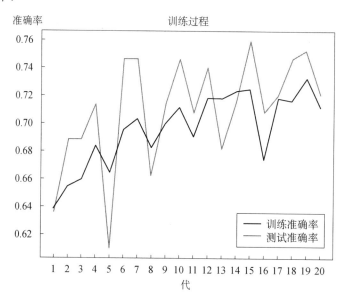

10.2　通过 CNN 识别图像时间戳

10.2.1　任务描述

监控图像(见图 10-3)的左上方有拍摄时间(即时间戳),要求识别出时间戳中的年、月、日、时、分、秒(星期不作为识别目标)。训练用的数据集包含手写数字 0~9,数据集样本如图 10-4 所示。

任务目标:基于数据集构建和训练卷积神经网络(Convolutional Neural Network, CNN),使用 CNN 识别图像中的年、月、日、时、分、秒。

10.2　通过 CNN
识别图像时间戳

图 10-3　监控图像

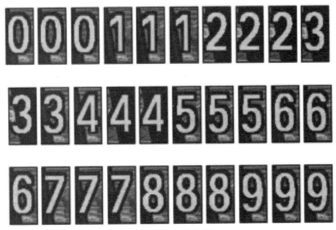

图 10-4　数据集样本

10.2.2　任务分解

先把目标图像封装为 DataLoader，在构建 CNN 后经过多次训练使得 CNN 拟合数据集，然后应用 CNN 识别图像时间戳。本任务可分解成 5 个子任务：依赖库导入；数据转换；模型构建；模型训练；时间戳识别。

1. 子任务 1：依赖库导入

本任务依赖的第三方库有 Matplotlib、Pandas、NumPy、PyTorch 等，可通过 import 命令导入。

2. 子任务 2：数据转换

将图像封装为 DataLoader 并作为 CNN 的输入图像。

3. 子任务 3：模型构建

构建 CNN（在 10.2 节简称模型），包含卷积层、池化层、全连接层和输出层。

4. 子任务4：模型训练

在训练集上迭代更新模型参数，减小交叉熵损失，缩小预测值和真实值的差距，保存训练完的模型。

5. 子任务5：时间戳识别

根据年、月、日、时、分、秒在图像中的位置，使用训练过的模型识别每个数字，组成时间戳。

10.2.3　任务实施

根据任务分解可知，程序有5个2级标题，分别对应5个子任务。前4个子任务运行在同一个程序中，第5个子任务在单独的程序中运行。

1. 依赖库导入

步骤1：定义2级标题。

`<font color="black">`依赖库导入`</font>`

运行结果如下：

依赖库导入

步骤2：依赖库导入。

```
from torch.utils.data import Dataset,DataLoader
from torchvision import transforms,datasets
from matplotlib import pyplot as plt
import torch
from torch import nn
import numpy as np
```

2. 数据转换

步骤1：定义2级标题。

`<font color="black">`数据转换`</font>`

运行结果如下：

数据转换

步骤2：构建变换列表并作为转换通道。

```
transforms_train = transforms.Compose([
                        transforms.Grayscale(), # 转换为灰度图
                        transforms.ToTensor()   # 转换为Tensor类型, 值转换到[0, 1]
                        ])
```

步骤3：从目标目录中构建数据集。

```
ds_train = datasets.ImageFolder("../data/image/digit/",transform=transforms_train,
                        target_transform=lambda t:torch.tensor([t]))
print(ds_train)
print(ds_train.classes)
```

运行结果如下：

```
Dataset ImageFolder
    Number of datapoints: 30
    Root location: ../data/image/digit/
    StandardTransform
Transform: Compose(
            Grayscale(num_output_channels=1)
            ToTensor()
          )
Target transform: <function <lambda> at 0x0000021E7FC7B5E0>
['0', '1', '2', '3', '4', '5', '6', '7', '8', '9']
```

步骤 4：通过 DataLoader 加载 ImageFolder。为了避免出错，num_workers 尽量设置为 0。

```
train_dataloader = DataLoader(ds_train, batch_size=2,
                              shuffle=True, num_workers=0)
```

步骤 5：抽样检查样本。

```
plt.figure(figsize=(5,5))
for i in range(9):
    img,label = ds_train[i]
    print(img.shape)
    # 图像是c*w*h->w*h*c
    img = img.permute(1,2,0)
    ax = plt.subplot(3,3,i+1)
    ax.imshow(img.numpy())
    ax.set_title("label = %d"%label.item(),fontsize=8)
    ax.set_xticks([])
    ax.set_yticks([])
plt.show()
```

运行结果如下：

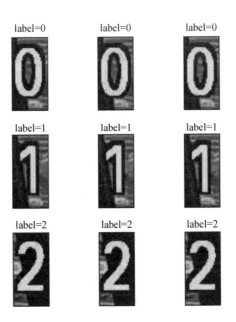

3. 模型构建

步骤1：定义2级标题。

<font color="black">模型构建</font>

运行结果如下：

模型构建

步骤2：定义CNN，输出概率向量。

```python
class ImageNet(nn.Module):
    def __init__(self):
        super(ImageNet,self).__init__()
        self.conv1 = nn.Conv2d(in_channels=1,out_channels=32,kernel_size=3, padding=1)
        self.relu1 = nn.ReLU()
        self.pool1 = nn.MaxPool2d(kernel_size=2,stride=2)
        self.conv2 = nn.Conv2d(in_channels=32,out_channels=64,kernel_size=3, padding=1)
        self.relu2 = nn.ReLU()
        self.pool2 = nn.MaxPool2d(kernel_size=2,stride=2)
        self.conv3 = nn.Conv2d(in_channels=64,out_channels=128,kernel_size=3, padding=1)
        self.relu3 = nn.ReLU()
        self.pool3 = nn.MaxPool2d(kernel_size=2,stride=2)
        self.flatten = nn.Flatten()
        self.fc1 = nn.Linear(4096, 512)
        self.relu4 = nn.ReLU()
        self.fc2 = nn.Linear(512, 10)
        self.softmax = nn.Softmax(dim=-1) # 对最后1列执行Softmax操作

    def forward(self,x):
        x = self.conv1(x)
        x = self.relu1(x)
        x = self.pool1(x)
        x = self.conv2(x)
        x = self.relu2(x)
        x = self.pool2(x)
        x = self.conv3(x)
        x = self.relu3(x)
        x = self.pool3(x)
        x = self.flatten(x)
        x = self.fc1(x)
        x = self.relu4(x)
        x = self.fc2(x)
        x = self.softmax(x)
        return x
```

····➤ 知识专栏   **CNN**

　　CNN是一种特殊的人工神经网络，它在图像识别、语音识别、自然语言处理等领域有着广泛应用。CNN的特点在于能够自动提取输入数据的特征，从而实现对输入数据的高效分类和识别。典型的卷积神经网络如图10-5所示。

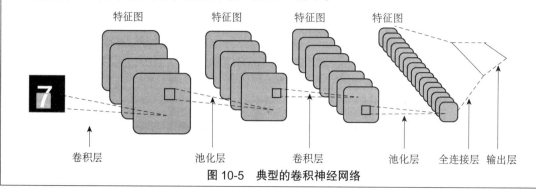

图 10-5　典型的卷积神经网络

CNN 的关键层如下：

① 卷积层（Convolutional Layer）：卷积层是 CNN 的核心层之一，它通过卷积运算对输入数据进行特征提取。卷积运算是一种数学运算，通过在输入数据上滑动一个卷积核（也称滤波器），并计算卷积核与输入数据的局部区域的点积，从而生成新的特征图。

② 池化层（Pooling Layer）：池化层用于降低特征图的维度，从而减少计算量。常见的池化操作有最大池化（Max Pooling）和平均池化（Average Pooling）。

③ 全连接层（Fully Connected Layer）：全连接层是传统神经网络中的标准层，它将卷积层和池化层提取的特征进行整合，并通过激活函数进行非线性变换。

④ 输出层（Output Layer）：是全连接层得到的一维向量经过计算得到识别值的概率的层。

步骤 3：构建 ImageNet 模型。

```python
net = ImageNet()
net
```

运行结果如下：

```
ImageNet(
  (conv1): Conv2d(1, 32, kernel_size=(3, 3), stride=(1, 1), padding=(1, 1))
  (relu1): ReLU()
  (pool1): MaxPool2d(kernel_size=2, stride=2, padding=0, dilation=1, ceil_mode=False)
  (conv2): Conv2d(32, 64, kernel_size=(3, 3), stride=(1, 1), padding=(1, 1))
  (relu2): ReLU()
  (pool2): MaxPool2d(kernel_size=2, stride=2, padding=0, dilation=1, ceil_mode=False)
  (conv3): Conv2d(64, 128, kernel_size=(3, 3), stride=(1, 1), padding=(1, 1))
  (relu3): ReLU()
  (pool3): MaxPool2d(kernel_size=2, stride=2, padding=0, dilation=1, ceil_mode=False)
  (flatten): Flatten(start_dim=1, end_dim=-1)
  (fc1): Linear(in_features=4096, out_features=512, bias=True)
  (relu4): ReLU()
  (fc2): Linear(in_features=512, out_features=10, bias=True)
  (softmax): Softmax(dim=-1)
)
```

4. 模型训练

步骤 1：定义 2 级标题。

```
## <font color="black">模型训练</font>
```

运行结果如下：

模型训练

步骤 2：使用交叉熵损失函数评价预测值和真实值之间的差距。

```python
loss_fn = nn.CrossEntropyLoss()
```

步骤 3：使用 Adam 优化器更新参数。

```python
optimizer = torch.optim.Adam(net.parameters(), lr=1e-3)
```

步骤 4：定义函数并进行训练。

```python
def train(dataloader, model, loss_fn, optimizer):
    '''
    使用数据集训练模型
    '''
    size = len(dataloader.dataset)
    train_loss = 0
    train_acc = 0
    model.train()
    for batch, (X, y) in enumerate(dataloader):
        # 做正向传播和反向传播
        pred = model(X)  # 正向传播
        y = y.squeeze()  # 去除维数为1的维度
        loss = loss_fn(pred, y)  # 计算损失
        loss.backward()  # 反向传播,计算梯度
        optimizer.step()  # 根据当前参数值和梯度更新参数值
        optimizer.zero_grad()  # 梯度置零

        # 记录损失
        train_loss = loss.item()

        # 计算分类的准确率
        out_t = pred.argmax(dim=1)  # 取出向量中的元素最大值的索引
        num_correct = (out_t == y).sum().item()
        train_acc += num_correct / len(X)

        if batch % 5 == 0:
            current = (batch + 1) * len(X)
            print(f"损失: {train_loss/len(X):>7f}  [{current:>5d}/{size:>5d}]")
    print(f"准确率: {train_acc/len(dataloader):>7f}")
    return model
```

步骤 5：在数据集上迭代训练，更新模型参数。

```python
epochs = 20
for t in range(epochs):
    print(f"Epoch {t+1}\n-------------------------------")
    model = train(train_dataloader, net, loss_fn, optimizer)
```

运行结果如下：

```
Epoch 1
-------------------------------
损失: 1.151326  [    2/   30]
损失: 1.151786  [   12/   30]
损失: 1.152244  [   22/   30]
准确率: 0.000000
Epoch 2
-------------------------------
损失: 1.151914  [    2/   30]
损失: 1.152072  [   12/   30]
损失: 1.150420  [   22/   30]
准确率: 0.066667

                ......

Epoch 20
-------------------------------
损失: 0.730636  [    2/   30]
损失: 0.730584  [   12/   30]
损失: 0.730611  [   22/   30]
准确率: 1.000000
```

步骤 6：将模型参数保存到硬盘中，包括权重和偏置。

```
torch.save(model.state_dict(),'net_params.pth')
```

5. 时间戳识别

时间戳识别在单独的程序中运行，需要重新导入依赖库、加载模型。

步骤 1：定义 2 级标题。

```
## <font color="black">依赖库导入</font>
```

运行结果如下：

依赖库导入

步骤 2：依赖库导入。

```
import torch
from torch import nn
import numpy as np
from PIL import Image
from matplotlib import pyplot as plt
```

步骤 3：定义 2 级标题。

```
## <font color="black">模型加载</font>
```

运行结果如下：

模型加载

步骤 4：定义 ImageNet 模型。

```python
class ImageNet(nn.Module):
    def __init__(self):
        super(ImageNet,self).__init__()
        self.conv1 = nn.Conv2d(in_channels=1,out_channels=32,kernel_size=3, padding=1)
        self.relu1 = nn.ReLU()
        self.pool1 = nn.MaxPool2d(kernel_size=2,stride=2)
        self.conv2 = nn.Conv2d(in_channels=32,out_channels=64,kernel_size=3, padding=1)
        self.relu2 = nn.ReLU()
        self.pool2 = nn.MaxPool2d(kernel_size=2,stride=2)
        self.conv3 = nn.Conv2d(in_channels=64,out_channels=128,kernel_size=3, padding=1)
        self.relu3 = nn.ReLU()
        self.pool3 = nn.MaxPool2d(kernel_size=2,stride=2)
        self.flatten = nn.Flatten()
        self.fc1 = nn.Linear(4096, 512)
        self.relu4 = nn.ReLU()
        self.fc2 = nn.Linear(512, 10)
        self.softmax = nn.Softmax(dim=-1)

    def forward(self,x):
        x = self.conv1(x)
        x = self.relu1(x)
        x = self.pool1(x)
        x = self.conv2(x)
        x = self.relu2(x)
        x = self.pool2(x)
```

```
x = self.conv3(x)
x = self.relu3(x)
x = self.pool3(x)
x = self.flatten(x)
x = self.fc1(x)
x = self.relu4(x)
x = self.fc2(x)
x = self.softmax(x)
return x
```

步骤 5：构建 ImageNet 模型，此时的模型参数是随机的。

```
model = ImageNet()
```

步骤 6：将模型状态加载到模型中，模型参数恢复到训练状态。

```
state_dict=torch.load('net_params.pth')
model.load_state_dict(state_dict)
```

步骤 7：定义 2 级标题。

```
## <font color="black">时间戳识别</font>
```

运行结果如下：

时间戳识别

步骤 8：查看原图像的灰色模式。

```
ori_pix = Image.open("../data/image/sample/frame_det_00_000001.jpg").convert("L")
plt.imshow(ori_pix)
```

运行结果如下：

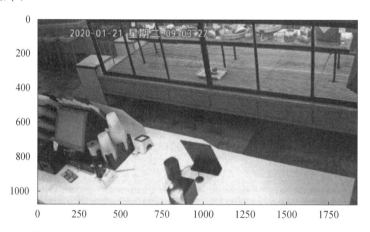

步骤 9：读取图像中的数字。

```
ori_pix = np.array(ori_pix)
test = []
parts = np.loadtxt("../data/timestamp.txt",delimiter=',', dtype=int)
for part in parts:
    img_part = ori_pix[part[0]:part[1], part[2]:part[3]]
    img_part = img_part / 255
    test.append(img_part)
```

步骤 10：将图像转换为可处理的格式。

```
test = np.array(test).reshape(14, 1, 64, 32)
```

步骤 11：输出 One-Shot 格式的时间戳。

```
pred = model(torch.tensor(test).float())
pred.shape
```

运行结果如下：

```
torch.Size([14, 10])
```

步骤 12：识别图像中的年、月、日、时、分、秒。

```
out_t = pred.argmax(dim=1)
out_t
```

运行结果如下：

```
tensor([2, 0, 2, 0, 0, 1, 2, 1, 0, 9, 0, 3, 2, 7])
```

从运行结果看出，此模型可以识别图像中的时间戳。

10.3　通过循环神经网络
预测国际旅行客流量

10.3　通过循环神经网络预测国际旅行客流量

10.3.1　任务描述

数据集 international-airline-passengers.csv 记录了国际旅行客流量数据（时间跨度为 1949 年到 1960 年），每年有 12 个月的数据，一共有 144 个记录。该数据集详细的字段描述如表 10-2 所示。

表 10-2　数据集 international-airline-passengers.csv 详细的字段描述

字段	类型	是否允许为空	例子
登记月份（Month）	str	否	1949-01
客流量（千人）	int	否	112

任务目标：基于 international-airline-passengers.csv 构建和训练循环神经网络，并可视化循环神经网络在训练集和测试集上的性能。

10.3.2　任务分解

观察国际旅行客流量变化趋势，在经过数据转换后切分数据集，并将训练集和测试集封装为 DataLoader，构建循环神经网络，在训练集上进行多次训练，并可视化循环神经网络的性能。本任务可分解成 6 个子任务：依赖库导入；数据观察；数据转换；模型构建；模型训练；性能可视化。

1. 子任务 1：依赖库导入

本任务依赖的第三方库有 Matplotlib、Pandas、NumPy、PyTorch 等，可通过 import 命令

导入。

2. 子任务 2：数据观察

使用 Pandas 把 international-airline-passengers.csv 读入 DataFrame 对象，观察国际旅行客流量变化趋势。

3. 子任务 3：数据转换

将 Series 转换为 float 类型的，并将数据转换到[0,1]区间，从数据集中切分出训练集和测试集，用 DataLoader 封装训练集。

4. 子任务 4：模型构建

构建循环神经网络（在 10.3 节中简称模型），包含 1 个 LSTM 层和 1 个输出层。

5. 子任务 5：模型训练

在训练集上迭代更新模型，减小 MSE，缩小预测值和真实值的差距。

6. 子任务 6：性能可视化

用 Matplotlib 可视化模型性能。

10.3.3　任务实施

根据任务分解可知，程序有 6 个 2 级标题，分别对应 6 个子任务。

1. 依赖库导入

步骤 1：定义 2 级标题。

```
## <font color="black">依赖库导入</font>
```

运行结果如下：

依赖库导入

步骤 2：依赖库导入。

```
import matplotlib as mpl
import matplotlib.pyplot as plt
import numpy as np
import pandas as pd
import torch
import torch.nn as nn
import torch.optim as optim
import torch.utils.data as data
from sklearn.preprocessing import MinMaxScaler
```

2. 数据观察

步骤 1：定义 2 级标题。

```
## <font color="black">数据观察</font>
```

运行结果如下：

数据观察

步骤 2：将数据集读入 DataFrame 对象。

```
'''
usecols=[1]: 选择第1列
skipfooter=3: 忽略最后3行
engine="python": 避免警告提示
'''
data_csv = pd.read_csv("../data/international-airline-passengers.csv",
                        usecols=[1], skipfooter=3, engine="python")
data_csv.shape
```

运行结果如下：

(144, 1)

步骤 3：查看最后的 5 个样本，确认 skipfooter=3 是否生效。

```
data_csv.tail()
```

运行结果如下：

	International-airline-passengers: monthly totals in thousands. Jan 49 ? Dec 60
139	606
140	508
141	461
142	390
143	432

步骤 4：使 Matplotlib 正常显示中文字符和减号。

```
mpl.rcParams['font.sans-serif'] = ['SimHei']
mpl.rcParams['axes.unicode_minus'] = False
```

步骤 5：可视化国际旅行客流量的变化趋势。

```
plt.plot(data_csv)
plt.ylabel("国际旅行客流量/月")
plt.xlabel ("千人")
```

运行结果如下：

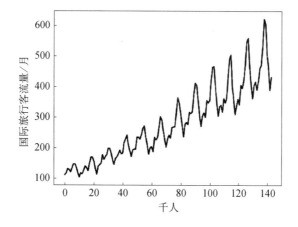

从运行结果看出，国际旅行客流量以 3～4 个月为 1 个周期，整体呈上升趋势。

3. 数据转换

步骤 1：定义 2 级标题。

```
## <font color="black">数据转换</font>
```

运行结果如下：

数据转换

步骤 2：将整型转换为 float 类型。

```
timeseries = data_csv.values.astype('float32')
```

步骤 3：将数据转换到[0,1]区间。

```
scaler = MinMaxScaler()
timeseries = scaler.fit_transform(timeseries)
min(timeseries), max(timeseries)
```

运行结果如下：

```
(array([0.], dtype=float32), array([1.], dtype=float32))
```

步骤 4：切分训练集和测试集，测试集占 1/3。

```
train_size = int(len(timeseries) * 0.67)
test_size = len(timeseries) - train_size
train, test = timeseries[:train_size], timeseries[train_size:]
```

步骤 5：定义函数，将数据封装到 PyTorch 的 Tensor 对象中。

```
def create_dataset(dataset, lookback):
    """将时间序列转换到数据集中

    Args:
        dataset: 时间序列，第1维是时间
        lookback: 窗口大小
    """
    X, y = [], []
    for i in range(len(dataset)-lookback):
        feature = dataset[i:i+lookback]
        target = dataset[i+1:i+lookback+1]
        X.append(feature)
        y.append(target)
    return torch.tensor(np.array(X)), torch.tensor(np.array(y))
```

步骤 6：构建特征和标签。

```
lookback = 1
X_train, y_train = create_dataset(train, lookback=lookback)
X_test, y_test = create_dataset(test, lookback=lookback)
```

步骤 7：使用 DataLoader 封装数据。

```
loader = data.DataLoader(data.TensorDataset(X_train, y_train),
                         shuffle=True, batch_size=8)
```

在运行程序时，batch_size 不宜设置得太大，以避免由于内存不足造成系统崩溃。

4. 模型构建

步骤 1：定义 2 级标题。

<font color="black">模型构建</font>

运行结果如下：

模型构建

步骤 2：使用 AirModel 类定义包含 LSTM（简介见下文）层的循环神经网络，用输出层输出国际旅行客流量。

```python
class AirModel(nn.Module):
    def __init__(self):
        super().__init__()
        self.lstm = nn.LSTM(input_size=1, hidden_size=50,
                            num_layers=1, batch_first=True)
        self.linear = nn.Linear(50, 1)
    def forward(self, x):
        x, _ = self.lstm(x)
        x = self.linear(x)
        return x
```

> **···▶ 知识专栏　　　　　　长短期记忆神经网络**
>
> 长短期记忆（Long Short-Term Memory，LSTM）神经网络是一种特殊的循环神经网络（Recurrent Neural Network，RNN），通常将其简称 LSTM。原始的 RNN 在训练中，会随着训练时间的加长及网络层数的增多，出现梯度爆炸或梯度消失的问题，导致无法处理长序列数据，无法获取长距离数据的信息。LSTM 通过输入门、遗忘门、输出门引入 Sigmoid() 函数并结合 Tanh () 函数，添加求和操作，减少梯度消失和梯度爆炸的可能性。LSTM 既能够处理短期依赖问题，又能够处理长期依赖问题。LSTM 结构如图 10-6 所示。
>
>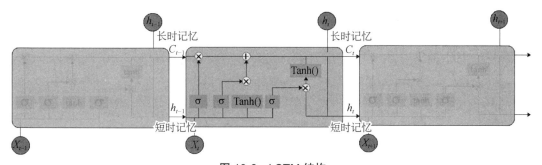
>
> 图 10-6　LSTM 结构
>
> PyTorch 库的 LSTM 类提供了算法接口，定义如下：
>
> ```python
> class torch.nn.LSTM(input_size,hidden_size,num_layers=1,batch_first=False,**kargs)
> ```

> 主要参数说明：
> ① input_size：输入特征的维数。
> ② hidden_size：隐藏状态的维数。
> ③ num_layers：RNN 的个数。
> ④ batch_first：输入或输出的第一维是否为 batch_first。
>   LSTM 比 RNN 灵活，能够更好地处理长期依赖问题，但带来了复杂的结构和更多需要训练的参数，这可能需要付出较大的计算代价。另外，LSTM 不能解决所有问题，在一些场景下，RNN 仍然是不错的选择。在选择使用 LSTM 还是 RNN 时，需要根据具体的应用场景和问题来权衡。

步骤 3：基于 AirModel 类创建模型。

```
model = AirModel()
model
```

运行结果如下：

```
AirModel(
    (lstm): LSTM(1, 50, batch_first=True)
    (linear): Linear(in_features=50, out_features=1, bias=True)
)
```

5. 模型训练

步骤 1：定义 2 级标题。

```
## <font color="black">模型训练</font>
```

运行结果如下：

模型训练

步骤 2：使用 Adam 优化器更新参数。

```
optimizer = optim.Adam(model.parameters())
```

步骤 3：使用均方误差损失函数评估预测值和真实值之间的差距。

```
loss_fn = nn.MSELoss()
```

步骤 4：训练模型并计算损失。

```
n_epochs = 2000
for epoch in range(n_epochs):
    model.train() # 设置模型处于训练状态, 计算梯度
    for X_batch, y_batch in loader:
        y_pred = model(X_batch) # 正向传播
        loss = loss_fn(y_pred, y_batch) #计算损失
        loss.backward() # 反向传播, 计算梯度
        optimizer.step() # 根据当前参数值和梯度更新参数值
        optimizer.zero_grad() # 梯度置零
    # 验证模型
    if epoch % 100 != 0:
        continue
    model.eval() # 设置模型处于训练状态, 不计算梯度
    with torch.no_grad():
```

```
        y_pred = model(X_train)
        train_rmse = np.sqrt(loss_fn(y_pred, y_train))
        y_pred = model(X_test)
        test_rmse = np.sqrt(loss_fn(y_pred, y_test))
    print("%d代: 训练RMSE %.4f, 测试RMSE %.4f" % (epoch, train_rmse, test_rmse))
```

运行结果如下：

```
0代: 训练RMSE 0.1406, 测试RMSE 0.4447
100代: 训练RMSE 0.0444, 测试RMSE 0.0938
200代: 训练RMSE 0.0442, 测试RMSE 0.0930
300代: 训练RMSE 0.0442, 测试RMSE 0.0964
400代: 训练RMSE 0.0441, 测试RMSE 0.0951
500代: 训练RMSE 0.0440, 测试RMSE 0.0973
600代: 训练RMSE 0.0444, 测试RMSE 0.0964
700代: 训练RMSE 0.0441, 测试RMSE 0.1017
800代: 训练RMSE 0.0443, 测试RMSE 0.0976
900代: 训练RMSE 0.0440, 测试RMSE 0.1024
1000代: 训练RMSE 0.0440, 测试RMSE 0.1014
1100代: 训练RMSE 0.0440, 测试RMSE 0.1003
1200代: 训练RMSE 0.0439, 测试RMSE 0.1012
1300代: 训练RMSE 0.0441, 测试RMSE 0.0985
1400代: 训练RMSE 0.0439, 测试RMSE 0.1017
1500代: 训练RMSE 0.0441, 测试RMSE 0.0992
1600代: 训练RMSE 0.0439, 测试RMSE 0.1015
1700代: 训练RMSE 0.0440, 测试RMSE 0.0993
1800代: 训练RMSE 0.0439, 测试RMSE 0.1011
1900代: 训练RMSE 0.0441, 测试RMSE 0.0992
```

6. 性能可视化

步骤 1：定义 2 级标题。

```
## <font color="black">性能可视化</font>
```

运行结果如下：

性能可视化

步骤 2：根据模型计算预测值。

```
with torch.no_grad(): # 忽略梯度
    # 转换预测值, 用于图表显示
    train_plot = np.ones_like(timeseries) * np.nan # 初始化训练集预测值
    y_train_pred = model(X_train) # 计算训练集预测值
    train_plot[lookback:train_size] = y_train_pred[:, -1, :]
    test_plot = np.ones_like(timeseries) * np.nan
    y_test_pred = model(X_test) # 计算测试集预测值
    test_plot[train_size+lookback:len(timeseries)] = y_test_pred[:, -1, :]
```

步骤 3：恢复数据的原始值（即真实值）。

```
timeseries = scaler.inverse_transform(timeseries)
train_plot = scaler.inverse_transform(train_plot)
test_plot = scaler.inverse_transform(test_plot)
```

步骤 4：可视化真实值和预测值（训练预测值、测试预测值）。

```
plt.plot(timeseries, c='k', label="真实值")
plt.plot(train_plot, c='r', label="训练预测值")
plt.plot(test_plot, c='g', label="测试预测值")
plt.legend(loc=0)
plt.ylabel("国际旅行客流量/月")
```

运行结果如下：

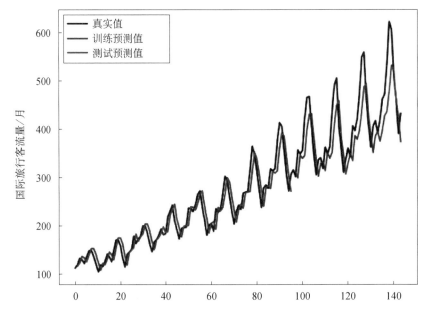

从运行结果看出，预测值基本和真实值吻合，表明 LSTM 在预测国际旅行客流量时有较好的性能。

小　结

（1）多层感知机包含输入层、隐藏层、输出层。
（2）激活函数允许多层感知机扩展多个隐藏层，从而表示更复杂的函数。
（3）损失函数可评估预测值和真实值之间的差距。
（4）优化器可定义训练过程中用于更新模型参数的方法。
（5）CNN 包含卷积层、池化层、全连接层和输出层。
（6）LSTM 的输入是带有时间序列的列表，可预测输出。
（7）卷积层使用卷积核和输入来计算特征图，减少了参数数量。

习　题

一、选择题

1. LSTM 英文名称是（　　）。

A. Long Single-Term Memory   B. Long Short-Test Memory

C. Long Short-Term Memory

D. Longest Short-Term Memory

2. CNN 的英文名称是（　　　）。

A. Conditional Neural Network

B. Convolutional Neural Network

C. Conda Neural Network

D. Connection Neural Network

3. DataFrame 类的 tail()函数可打印（　　　）。

A. 任意 5 个样本

B. 最前面的 5 个样本

C. 最后的 5 个样本

D. 中间的 5 个样本

4. 下面说法中不正确的是（　　　）。

A. 优化器可定义更新模型参数的方法

B. 损失函数可衡量预测值和真实值之间的差距

C. 激活函数一般是线性的

D. 激活函数一般是非线性的

5. model.state_dict()函数的返回值包括（　　　）。

A. 模型参数

B. 超参数

C. 优化器状态

D. 模型参数、超参数及优化器状态

二、填空题

1. 多层感知机包含输入层、（　　　）和输出层。

2. LSTM 是一种特殊的（　　　）。

3. 卷积运算是一种数学运算，通过在输入数据上滑动一个（　　　），并计算（　　　）与输入数据的局部区域的点积，从而生成新的（　　　）。

三、操作题

在田字格里手写数字 0～9，在拍照后截取同样大小的图像，构建数据集。在田字格里任意手写一个数字作为测试数据。请完成下列任务：

（1）基于数据集使用 CNN 训练数字识别模型。

（2）使用训练好的数字识别模型识别测试数据中的数字。

附录 A　Pandas 常用函数的用法

一、数据的显示设置

1. 不限制显示宽度

Pandas 在显示数据时，有时会由于宽度有限不能显示完整数据，此时可以通过 set_option()函数中的参数 display.width 解除宽度限制，其一般格式如下：

```
pd.set_option('display.width', n)
```

其中，参数 n 表示显示数据的宽度，如果将 n 设为 None，则不限制宽度。

2. 设置数据对齐

Pandas 在显示数据时，列数据与列名不对齐，会给数据观察造成麻烦，此时可通过 set_option ()函数中的参数 display.unicode.east_asian_width 设置对齐效果，其一般格式如下：

```
pd.set_option('display.unicode.east_asian_width', True)
```

3. 不限制显示的行数和列数

Pandas 在显示数据时，数据的行或列数过多会使得显示不完整，此时可通过 set_option () 函数中的参数 display.max_rows 或 display.max_columns 解除对显示的行或列数的限制，其一般格式如下：

```
pd.set_option('display.max_rows',n)
pd.set_option('display.max_columns',n)
```

其中，参数 n 表示能够显示的最大行数和列数，如果将 n 都设为 None，则不限制行数和列数。

二、导入外部文件

1. 导入文本文件

文本文件中的数据可以通过 Tab 键、空格键、逗号、分号等分隔符来分隔。

Pandas 使用 read_csv ()函数导入文本文件，其一般格式如下：

```
pd.read_csv(filepath,sep,names,encoding)
```

参数说明如下：

① filepath：表示导入的文本文件的路径。

② sep：表示分隔符，默认的分隔符是逗号，如果导入以逗号为分隔符的文本文件，就不需要写 sep 参数。

names：表示添加的列名，默认为 None，即默认导入文本文件时不添加列名。

encoding：表示导入文本文件的编码，默认是 None。

2. 导入 Excel 文件

Pandas 提供了 read_excel ()函数来导入 xls 和 xlsx 两种格式的 Excel 文件，在导入 Excel 文件的同时可以指定导入的工作表，其一般格式如下：

```
pd.read_excel(filepath,sheet_name,names)
```

参数说明如下：

① filepath：表示导入 Excel 文件的路径。

② sheet_name：表示 Excel 工作簿中的某个 Excel 表。

三、DataFrame 的属性

DataFrame 的属性包括形状（行数与列数）、元素个数、列名、行索引。

① shape：表示 DataFrame 的形状，shape[0]表示行数，shape[1]表示列数。

② size：表示 DataFrame 的元素个数。

③ columns：表示 DataFrame 的列名。

④ index：表示 DataFrame 的行索引。

四、DataFrame 的查看

在 DataFrame 中，可以通过 head()函数和 tail()函数查看头部数据和尾部数据，head() 函数和 tail()函数的一般格式如下：

```
DataFrame.head(n)
DataFrame.tail(n)
```

其中，n 表示查看头部或尾部的 n 条数据，n 默认是 5，即在不输入 n 时，表示查看头部或尾部的 5 条数据。

利用 len ()函数可以查看 DataFrame 的元素个数，len()的一般格式如下：

```
len(DataFrame)
```

五、利用 loc 方法选取行数据

在 DataFrame 中，可以利用 loc 方法设置行筛选条件进而选取行数据，一般用法如下：

```
DataFrame.loc[行筛选条件]
```

如 data.loc[data['性别']=='男']表示筛选性别为"男"的数据，data.loc[data['数学成绩']>90] 表示筛选数学成绩大于 90 的数据。

六、利用 iloc 方法选取切片数据

iloc 方法按照行（index）与列（column）的位置来选取数据，iloc 方法不管行与列数

据，只和行与列位置有关。iloc 方法的一般用法如下：

```
iloc[index_num,columns_num]
```

其中，index_num 和 columns_num 对应行索引和列索引，要注意行索引和列索引都是从 0 开始的。index_num 和 columns_num 可以是一个数字，也可以是一个范围，并且这个范围是左闭右开区间，若省略范围的起始编号和结束编号，则默认表示所有行或所有列，如 data.iloc[0:3,:]表示前 3 行。

七、数据删除

在 DataFrame 中，如果不需要某些行或某些列数据，则可以使用 drop()函数删除。drop() 函数的一般格式如下：

```
DataFrame.drop(labels, axis, inplace)
```

参数说明如下：

① labels：表示删除的行或列的标签。

② axis：表示删除的行或列，axis=0 表示行，axis=1 表示列。在根据行索引删除多行数据时，可以使用列表表示行索引。例如，删除第 3 行和第 7 行，可使用 labels=[3,7]；删除第 4 行到第 6 行，可使用 labels=[4,5,6]，或者使用 range()函数，即 labels=range(4,7)。

③ inplace：表示删除的结果是否在原表中显示，inplace=True 表示在原表中显示，inplace=False 表示在新表中显示，默认是后者，即如果要在新表中显示，则可以不设置该参数。一定需要注意的是，如果使用 inplace=False，则要把结果赋给一个新的 DataFrame，否则看不到删除后的结果。

八、描述性统计分析

Pandas 使用 describe()函数来一次性计算数值型字段的 8 个统计指标：非空个数（count）、平均值（mean）、标准差（std）、最小值（min）、25%分位数、50%分位数（即中位数）、75%分位数、最大值（max）。

九、统计空值个数

Pandas 提供了识别空值的 isnull()函数，该函数返回的都是布尔值（True 或 False），它结合 sum ()函数可以得出每列数据中的空值个数。该函数的一般用法如下：

```
DataFrame.isnull().sum()
```

十、统计指标计算

数值型字段用数值进行描述，如身高、体重、成绩等。数值型字段的统计指标主要包括最小值、最大值、平均数、中位数、四分位数（25%分位数和 75%分位数）、极差、方差、标准差等。Pandas 提供了很多方法来计算数值型字段的各类统计指标，具体如下：

① mean()：表示计算平均数。

② max()：表示计算最大值。

③ median()：表示计算中位数。

④ min()：表示计算最小值。

⑤ mode()：表示计算众数。

⑥ std()：表示计算标准差。

⑦ sum()：表示计算总和。

十一、频数统计

分类型字段具有分类作用，如省份名、城市名、商品名等，分类型字段的作用是进行频数统计。Pandas 提供了 value_counts()函数来统计分类型字段的频数，其一般用法如下：

```
value_counts(normalize,ascending)
```

其中，normalize 表示是否按频率显示，值为 True 表示按频率显示，值为 False 表示按频数显示，默认值为 False，即默认按频数显示。

十二、数据分段

在数据分析中，常常需要将连续数据离散化，这就是数据分段，简单来说就是在连续的数据范围内设置离散的分段点，将连续数据按照这些分段点进行分段。比如，在人口普查时，将年龄分为年轻型、成年型和老年型等不同的年龄段，并进行统计。在 Pandas 中，利用 cut()函数可以进行数据分段。

cut()函数用法如下：

```
pd.cut(x,bins,labels)
```

参数说明如下：

① x：要进行分段的列。

② bins：用于分段的分段点，这些分段点可以组成分段区间，并且分段区间是左开右闭区间（除了第 1 个区间），如 bins=[0,10,20,30,40]表示 4 个分段区间：[0,10]、（10,20]、（20,30]、（30,40]。

③ labels：分段标签。

十三、分组统计

Pandas 提供了灵活、高效的 groupby()函数，它在 DataFrame 中按照某一列进行分组后，可以对指定的列进行统计分析，其一般用法如下：

```
DataFrame.groupby(by=分组列)[统计列].统计方法
```

如 DataFrame.groupby(by='班级')['数学分数'].mean()表示统计不同班级的数学平均分。

十四、批量替换

批量替换可以解决逐个替换效率过低、容易出错的问题。Pandas 提供了 replace()函数进行批量替换。

数据的批量替换是指将 DataFrame 的全部元素或 DataFrame 中的某一列元素进行替换，替换时可以使用 replace()函数，replace()函数的一般用法如下：

```
DataFrame.replace(to_replace,value,inplace)
```

部分参数说明如下：

① to_replace：表示需要替换的值。

② value：表示替换后的值。

如果有多个值需要替换，则可使用字典，方法如下：

```
{to_replace1:value1,to_replace2:value2,…}
```

在 DataFrame 中，有时仅针对某一列元素进行替换，替换一列元素的一般用法如下：

```
DataFrame[column] = DataFrame[column].replace(to_replace,value,inplace)
```

十五、交叉频数表

交叉频数表是一种用于计算分组频率的表格，交叉频数表只统计行与列特征交叉出现的频数，比如，分析性别与商品类别之间是否存在关联，可以把性别与商品类别分别作为行字段和列字段，进而统计交叉字段出现的频数，并判断不同性别的人在选择商品时是否存在明显差异。

Pandas 提供了 crosstab()函数来制作交叉频数表，crosstab()函数的一般用法如下：

```
pd.crosstab(index,columns,margins)
```

参数说明如下：

① index：表示交叉的行字段。

② columns：表示交叉的列字段。

③ margins：表示汇总功能的开关，在设置为 True 后，结果中会出现名为"ALL"的行和列，默认设置为 False。

附录 B　Matplotlib 常用函数的用法

一、设置绘图窗口的属性

绘图窗口是绘图的主体部分，其属性包括标题、坐标轴名称、坐标轴刻度等，设置绘图窗口的属性与绘制图形是并列的，没有先后顺序，但一般先绘制图形，再设置绘图窗口的属性。

绘图窗口的属性如下：

① plt.title：表示添加标题。

② plt.legend：表示显示图例。

③ plt.xlabel：表示添加 x 轴名称。

④ plt.ylabel：表示添加 y 轴名称。

⑤ plt.xticks：表示指定 x 轴刻度的间隔与标签显示格式。

⑥ plt.yticks：表示指定 y 轴刻度的间隔与标签显示格式。

二、设置图形的 rcParams 参数

pyplot 可以使用 rcParams 参数修改图形的默认属性，包括窗体大小、单位面积的点数、线条宽度、颜色、样式、坐标轴、网络属性、字体大小等。rcParams 参数可以在 Python 的交互环境中动态修改属性，使绘图时的默认参数改变。主要属性如下：

① font.sans-serif：表示显示中文字体，如 SimHei 表示黑体，KaiTi 表示楷体。plt.rcParams['font.sans-serif'] = ['SimHei']表示输入的中文字体为黑体，如果不使用该属性，则在输入中文时会显示默认字体。

② font.size：表示字体大小。

③ color：既可以表示文本颜色，又可以表示点或线的颜色。颜色种类很多，如"k"表示黑色，"g"表示绿色，"r"表示红色，"b"表示蓝色，"yellow"表示黄色，"orange"表示橙色，"grey"表示灰色，"brown"表示棕色，"yellowgreen"表示黄绿色、"skyblue"表示天蓝色，"lightyellow"表示淡黄色，"darkorange"表示深橙色等。

④ axes.unicode_minus：表示是否显示负数，设置为 False 表示显示负数。

三、创建子图

1. 逐一创建子图

在 Matplotlib 中，整张图像为一个 Figure 对象。Figure 对象可以包含一个或者多个 Axes 对象，每个 Axes 对象相当于一张子图。在绘图时，可以选择是否将整个绘图窗口划分为多张子图，便于在同一张图像上绘制多张子图。

subplot()函数可以将当前绘图窗口（Figure）划分为按行、列编号的多个矩形窗格，每一个矩形窗格都对应一张子图。创建子图的方法主要有两种，一种是先分步添加子图，再分别填充子图；另一种是先一次性创建多张子图，再选取其中的子图进行填充。

在 Matplotlib 中，可以利用 add_subplot ()函数逐一创建子图，其一般用法如下：

```
fig=plt.figure()      #创建绘图窗口并命名为fig
ax=fig.add_subplot(m,n,k)    #添加编号为k的子图
```

其中，m 表示绘图窗口被划分为 m 行，n 表示绘图窗口被划分为 n 列，k 表示创建的子图编号。

2.一次性创建多张子图

在 Matplotlib 中，可以利用 subplots()函数一次性创建多张子图，其一般用法如下：

```
fig,axes=plt.subplots(m,n)
ax=axes[i,j]
```

其中，用 m 和 n 将绘图窗口划分为 m 行、n 列的矩形子窗口，在使用时需要保证 m 和 n 都大于 1。i 和 j 分别表示在矩形子窗口中的行、列位置，并且行、列编号都是从 0 开始的。

四、绘制多种简单图形

在 Matplotlib 中，可以使用 plot()函数针对 DataFrame 绘制多种简单图形，如折线图、直方图、条形图等。该函数的用法如下：

```
DataFrame.plot(kind,color)
```

参数说明如下：
① kind：表示图形类型，kind='line'表示折线图，kind='bar'表示直方图，kind='barh'表示条形图。
② color：表示图形的颜色。

五、绘制折线图

折线图是一种将数据点按照顺序连接起来的图形，可以看作将数据点沿 x 轴按顺序连接起来的图形。折线图的主要功能是查看因变量 y 随着自变量 x 改变的趋势，比较适用于显示随时间变化的连续数据，可以看出数量的差异和增长趋势。pyplot 模块中用于绘制折线图的函数是 plot()，其一般用法如下：

```
plt.plot(x,y,linestyle)
```

参数说明如下：
① x：表示与 x 轴对应的数据。
② y：表示与 y 轴对应的数据。
③ linestyle：表示折线样式，linestyle 可取-、--、-.、:，默认取-。

六、绘制直方图

直方图可以用于显示一段时间内的数据变化或比较情况。

在直方图中，一般将分类型字段设为横坐标，将统计值设为纵坐标。比如，在比较不同班级的数学平均分时，就可以绘制直方图，其中班级是分类型字段，设为横坐标；数学平均分是统计值，设为纵坐标。

在 pyplot 模块中，plot(kind=bar)可以针对 Series 或 DataFrame 绘制直方图，但是其参数较少，只能用于简单绘图。如果要绘制复杂的直方图，则可以使用 pyplot 模块提供的直方图绘制函数 bar()，其一般用法如下：

```
plt.bar(x,height,width,color,edgecolor,label)
```

部分参数说明如下：

① x：表示 x 轴对应数据的列表。

② height：表示高度，即 y 轴对应数据的列表。

③ width：表示宽度。

④ color：表示颜色。

⑤ edgecolor：表示边框的颜色。

七、绘制条形图

pyplot 模块提供了条形图绘制函数 barh()，其一般用法如下：

```
plt.barh(y,height,width,color,edgecolor,label)
```

部分参数说明如下：

① y：表示 y 轴对应数据的列表。

② width：表示宽度。

③ height：表示长度。

④ color：表示颜色。

⑤ edgecolor：表示边框的颜色。